JN104714

新・し・い
高校教科書に学ぶ
大人の教養

いまどきの
高校生は知っている。
情報社会を乗り切る
数学力が身につく！

高校数学

石田浩一／上田恭平／
新井崇夫 著

秀和システム

はしがき

2022年度からの高校数学新課程では、「統計的な推測」が必修になるなど社会への応用を意識した変更が加えられました。AIによる意思決定補助が広まり、インターネット記事やニュース番組ではコンピュータや医療に関係するジャーゴンが飛び交う世界です。情報から何かを判断するために求められる科学リテラシーはどんどん高くなっていくことが予想されます。そのための基礎的な「筋肉」となる数学的知識もこれからさらに高度化することでしょう。

それに伴い、知識の差を悪用して適切でない統計データをそれらしく見せることで他人に誤った判断をさせることも容易になっていきます。悪意から身を守るためにも、「筋力トレーニング」は重要です。

本書は高校数学の内容をベースとしつつ、より社会における数学の応用を意識し、各概念の説明も「なぜそんなものを考えるのか」「これはいったい何なのか」という疑問になるべく答えられるよう構成を変えています。これから高校数学を学び始める方の一冊目にしていただくのはもちろん、高校生の方に「学校の授業をより楽しく受けるための副読本」として並べていただいたり、高校や予備校の教師の方に違った観点からの指導のサンプルとして参照いただくこともできるように書きました。様々な場面でご活用いただけると幸いです。

例えば、微分と積分の説明では「微分の記号を分数とみなしてよいのか？」という疑問に答えていますが、素朴な疑問としての出てきやすさに反して学校の授業ではあまりこのことは説明されません。その他にも、筆者が「高校生の頃にこう説明されていれば理解できたのに」と感じた経験を反映した部分がいくつかあります。筆者がWeb記事などで他人へ向けた情報発信をする際は、こういうものがあれば過去の自分はかなり救われただろうな、と考えながら書いていますが、本書も例外ではありません。

また、コラムには筆者がデータサイエンティストとして働く中で知ったビジネス知識や、数学専攻として学んだマニアックな知識など、読者のみなさまに楽しんでいただけるよう幅広い話題を用意しました。すでに高校数学をよく理解している理工系の学生の方にも、ぜひ読んでいただけたらと思います。

最後に、本書の執筆にあたりお世話になった秀和システムの清水様と共著者の新井様、石田様に深く感謝申し上げます。

2023年12月　上田恭平

● 本書の使い方 ●

特徴 1　概要が簡潔にわかる！

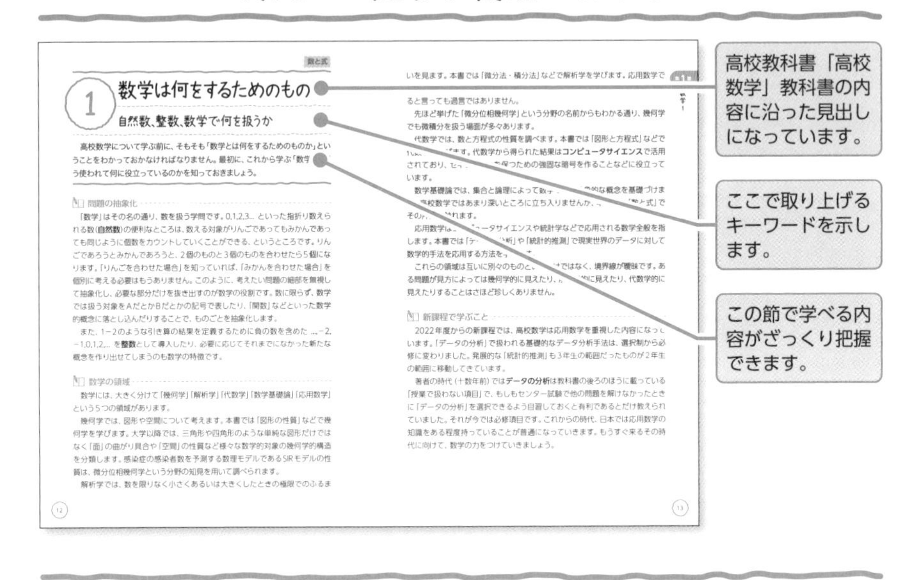

数と式

1 数学は何をするためのもの

自然数、整数、数学で何を扱うか

高校数学について学ぶ前に、そもそも「数学とは何をするためのものか」ということをわかっておかなければなりません。最初に、これから学ぶ「数学」がどう使われて何に役立っているのかを知っておきましょう。

問題の抽象化

「数学」はその名の通り、数を扱う学問です。0,1,2,3... といった指折り数えられる数(**自然数**)の便利なところは、数える対象がりんごであってもみかんであっても同じように個数をカウントしていくことができる、というところです。りんごであろうとみかんであろうと、2個のものと3個のものを合わせたら5個になります。「りんごを合わせた場合」を知っていれば、「みかんを合わせた場合」を個別に考える必要はもうありません。このように、考えたい問題の細部を無視して抽象化し、必要な部分だけを抜き出すのが数学の役割です。数に限らず、数学では扱う対象をAだとかBだとかの記号で表したり、「関数」などといった数学的概念に落とし込んだりすることで、ものごとを抽象化します。

また、1−2のような引き算の結果を定義するために負の数を含めた ...,−2,−1,0,1,2,... を**整数**として導入したり、必要に応じてそれまでになかった新たな概念を作り出せてしまうのも数学の特徴です。

数学の領域

数学には、大きく分けて「幾何学」「解析学」「代数学」「数学基礎論」「応用数学」という5つの領域があります。

幾何学では、図形や空間について考えます。本書では「図形の性質」などで幾何学を学びます。大学以降では、三角形や四角形のような単純な図形だけではなく「面」の曲がり具合や「空間」の性質など様々な数学的対象の幾何学的構造を分類します。感染症の感染者数を予測する数理モデルであるSIRモデルの性質は、微分位相幾何学という分野の知見を用いて調べられます。

解析学では、数を限りなく小さくあるいは大きくしたときの極限でのふるまいを見ます。本書では「微分法・積分法」などで解析学を学びます。応用数学でもあると言っても過言ではありません。

先ほど挙げた「微分位相幾何学」という分野の名前からもわかる通り、幾何学でも微積分を扱う場面が多々あります。

代数学では、数と方程式の性質を調べます。本書では「図形と方程式」などで ... ます。代数学から得られた結果は**コンピュータサイエンス**で活用されており、... を保つための強固な暗号を作ることなどに役立っています。

数学基礎論では、集合と論理によって数 ... 的な概念を基礎づけま ... 高校数学ではあまり深いところに立ち入りませんが、... 「... と式」で ... ます。

応用数学は ... ュータサイエンスや統計学などで応用される数学全般を指します。本書では「デー ... 析」や「統計的推測」で現実世界のデータに対して数学的手法を応用する方法を ...

これらの領域は互いに別々のものと ... ではなく、境界線が曖昧です。ある問題が見方によっては幾何学的に見えたり、... 的に見えたり、代数学的に見えたりすることはさほど珍しくありません。

新課程で学ぶこと

2022年度からの新課程では、高校数学は応用数学を重視した内容になっています。「データの分析」で扱われる基礎的なデータ分析手法は、選択制から必修に変わりました。発展的な「統計的推測」も3年生の範囲だったものが2年生の範囲に移動してきています。

著者の時代（十数年前）では**データの分析**は教科書の後ろのほうに載っている「授業で扱わない項目」で、もしもセンター試験で他の問題を解けなかったときに「データの分析」を選択できるよう自習しておくと有利であるとだけ教えられていました。それが今では必修項目です。これからの時代、日本では応用数学の知識をある程度持っていることが普通になっていきます。もうすぐ来るその時代に向けて、数学の力をつけていきましょう。

12　13

特徴 2　図解やイラストでラクラク理解

文章で解説を図版やイラストでわかりやすくまとめています。

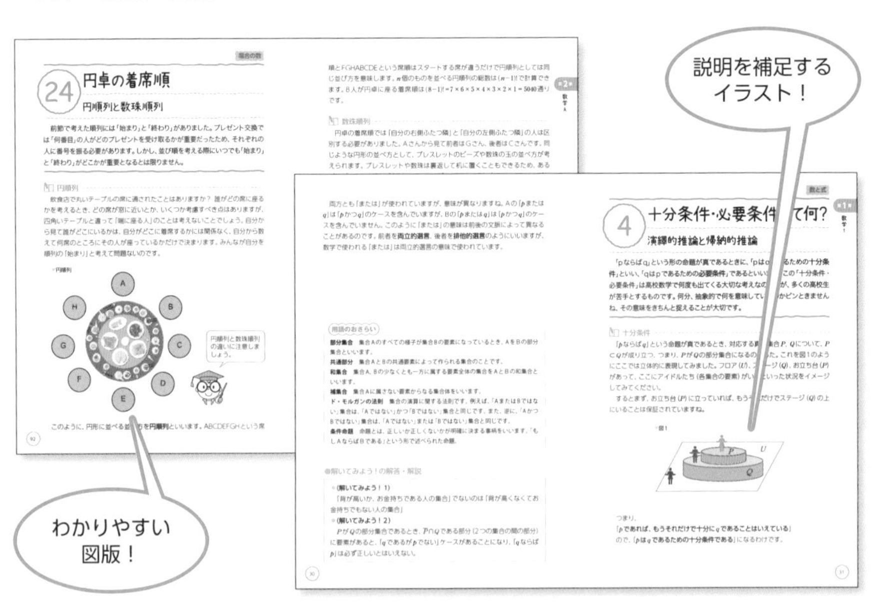

場合の数

24 円卓の着席順

円順列と数珠順列

前節で考えた順列には「始まり」と「終わり」がありました。プレゼント交換では「何番目」の人がどのプレゼントを受け取るかが重要だったため、それぞれの人に番号を振る必要があります。しかし、並び順を考える際にいつでも「始まり」と「終わり」がどこかが重要となるとは限りません。

円順列

飲食店で丸いテーブルの席に通されたことはありますか？ 誰がどの席に座るかを考えるとき、どの席が窓に近いとか、いくつか考慮すべき点はありますが、四角いテーブルと違って「端に座る人」のことは考えないことでしょう。自分から見て誰がどこにいるかは、自分がどこに着席するかには関係なく、自分から数えて何席のところにその人が座っているかだけで決まります。みんなが自分を順列の「始まり」と考えて問題ないのです。

・円順列

このように、円形に並べる並 ... 方を**円順列**といいます。ABCDEFGHという席順とFGHABCDEという席順はスタートする席が違うだけで円順列としては同じ並び方を意味します。n個のものを並べる円順列の総数は$(n-1)!$で計算できます。8人が円卓に座る着席順は$(8-1)!=7\times6\times5\times4\times3\times2\times1=5040$通りです。

数珠順列

円卓の着席順では「自分の右側ふたつ隣」と「自分の左側ふたつ隣」の人は区別する必要がありました。Aさんから見て前者はGさん、後者はCさんです。同じような円形の並べ方として、ブレスレットのビーズや数珠の玉の並べ方が考えられます。ブレスレットや数珠は裏返して机に置くこともできるため、ある

92

両方とも「または」が使われていますが、意味が異なりますね。Aの「pまたはq」は「pかつq」のケースを含んでいますが、Bの「pまたはq」は「pかつq」のケースを含んでいません。このように「または」の意味は前後の文脈によって異なることがあるのです。前者を**両立的選言**、後者を**排他的選言**のようにいいますが、数学で使われる「または」は両立的選言の意味で使われています。

用語のおさらい

部分集合　集合Aのすべての様子が集合Bの要素になっているとき、AをBの部分集合といいます。

共通部分　集合AとBの共通要素によって作られる集合のことです。

和集合　集合A、Bの少なくとも一方に属する要素全体の集合をAとBの和集合といいます。

補集合　集合Aに属さない要素からなる集合体をいいます。

ド・モルガンの法則　集合の演算に関する法則です。例えば、「AまたはBではない」集合は、「Aではない」かつ「Bではない」集合と同じです。また、逆に、「AかつBではない」集合は、「Aではない」または「Bではない」集合と同じです。

条件命題　命題とは、正しいか正しくないかが明確に決まる事柄をいいます。「もしAならばBである」という形で述べられた命題。

●解いてみよう！の解答・解説

・**(解いてみよう！1)**

「背が高いか、お金持ちである人の集合」でないのは「背が高くなくてお金持ちでもない人の集合」

・**(解いてみよう！2)**

PがQの部分集合であるとき、$\overline{P}\cap Q$である部分（2つの集合の間の部分）に要素があると、「qであるがpでない」ケースがあることになり、「qならばp」は必ず正しいとはいえない。

数と式

4 十分条件・必要条件 ... て何？

演繹的推論と帰納的推論

「pならばq」という形の命題が真であるときに、「pはq ... るための**十分条件**」といい、「qはpであるための**必要条件**」であるといい ... この「十分条件・必要条件」は高校数学で何度も出てくる大切な考えなの ... が、多くの高校生が苦手とするものです。何分、抽象的で何を意味してい ... かピンときませんね。その意味をきちんと捉えることが大切です。

十分条件

「pならばq」という命題が真であるとき、対応する ... 集合P, Qについて、$P\subset Q$が成り立つ。つまり、PがQの部分集合になるの ... た。これを図1のようにここでは立体的に表現してみました。フロア(U)、ス ... ージ(Q)、お立ち台(P)があって、ここにアイドルたち（各集合の要素）がい ... といった状況をイメージしてみてください。

するとまず、お立ち台(P)に立っていれば、もう ... だけでステージ(Q)の上にいることは保証されていますね。

・図1

つまり、

「pであれば、もうそれだけで十分にqであることはいえている」

ので、「**pはqであるための十分条件である**」になるわけです。

30　31

特徴3　理解が深まる記事が満載！

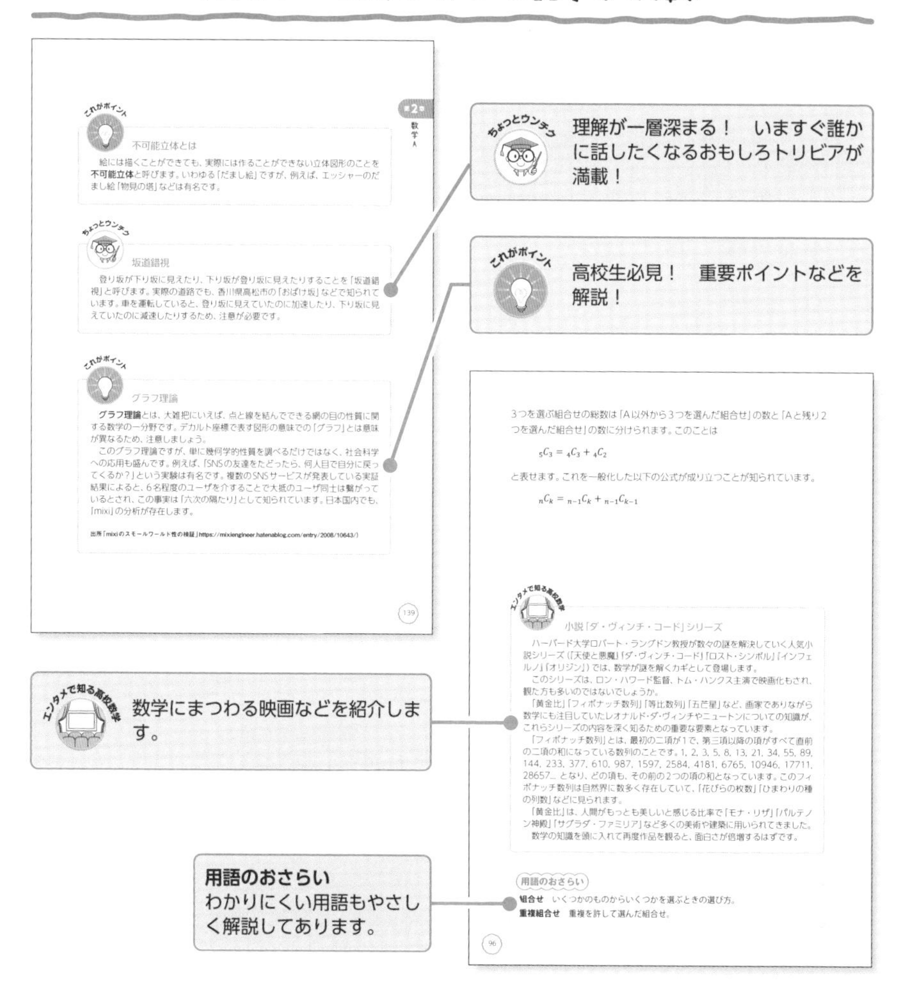

こんな人に読んでほしい！

学びなおしたい大人

近年は、AIやデータ分析など様々な分野で高校数学が活用されています。現代社会に対応するには、高校数学は必須のツールとなります。本書では、高校数学を基礎から学べます。

先生

教育の現場で、どんなふうに教えたらいいのか悩んでいる先生は多いようです。本書は、生徒の興味を引く話題から、教えるヒントにもなります。

生徒

要点をコンパクトにまとめているので、参考書としても、副読本としても、使っていただけます。

新しい高校教科書に学ぶ大人の教養

高校数学

Contents

第2章 数学A

第3章 数学2

第6章 数学C

第1章

数学1

近年、数学を学ぶことの重要性が高まってきています。社会の情報化が進むにつれ、膨大なデータの統計分析手法や情報セキュリティ技術など、求められる数学的な知識水準はどんどん高まるばかりです。2022年度からの新課程では、高校数学に応用数学を意識した項目が追加されたり、必修化されたりしています。本書を通して高校数学を学ぶことで、目まぐるしく変化する世界についていくための「基礎体力」をつけていきましょう。

ピタゴラス
(紀元前582～496年)

オーガスタス・
ド・モルガン
(1806～1871年)

数学は何をするためのものか

自然数、整数、数学で何を扱うか

高校数学について学ぶ前に、そもそも「数学とは何をするためのものか」ということをわかっておかなければなりません。最初に、これから学ぶ「数学」がどう使われて何に役立っているのかを知っておきましょう。

問題の抽象化

「数学」はその名の通り、数を扱う学問です。0,1,2,3... といった指折り数えられる数(**自然数**)の便利なところは、数える対象がりんごであってもみかんであっても同じように個数をカウントしていくことができる、というところです(0を自然数に含める流儀と含めない流儀があります)。りんごであろうとみかんであろうと、2個のものと3個のものを合わせたら5個になります。「りんごを合わせた場合」を知っていれば、「みかんを合わせた場合」を個別に考える必要はもうありません。このように、考えたい問題の細部を無視して抽象化し、必要な部分だけを抜き出すのが数学の役割です。数に限らず、数学では扱う対象をAだとかBだとかの記号で表したり、「関数」などといった数学的概念に落とし込んだりすることで、ものごとを抽象化します。

また、1−2のような引き算の結果を定義するために負の数を含めた ...,−2,−1,0,1,2,... を**整数**として導入したり、必要に応じてそれまでになかった新たな概念を作り出せてしまうのも数学の特徴です。

数学の領域

数学には、大きく分けて「幾何学」「解析学」「代数学」「数学基礎論」「応用数学」という5つの領域があります。

幾何学では、図形や空間について考えます。本書では「図形の性質」などで幾何学を学びます。大学以降では、三角形や四角形のような単純な図形だけではなく「面」の曲がり具合や「空間」の性質など様々な数学的対象の幾何学的構造を分類します。感染症の感染者数を予測する数理モデルであるSIRモデルの性質は、微分位相幾何学という分野の知見を用いて調べられます。

解析学では、数を限りなく小さくあるいは大きくしたときの極限でのふるまいを見ます。本書では「微分法・積分法」などで解析学を学びます。応用数学では微積分はほぼ必須であるため、現代においては最も活用されている領域であると言っても過言ではありません。

先ほど挙げた「微分位相幾何学」という分野の名前からもわかる通り、幾何学でも微積分を扱う場面が多々あります。

代数学では、数と方程式の性質を調べます。本書では「図形と方程式」などで代数学を学びます。代数学から得られた結果は**コンピュータサイエンス**で活用されており、セキュリティを保つための強固な暗号を作ることなどに役立っています。

数学基礎論では、集合と論理によって数学で扱う抽象的な概念を基礎づけます。高校数学ではあまり深いところに立ち入りませんが、本書では「数と式」でその片鱗に触れます。

応用数学はコンピュータサイエンスや統計学などで応用される数学全般を指します。本書では「データの分析」や「統計的推測」で現実世界のデータに対して数学的手法を応用する方法を学びます。

これらの領域は互いに別々のものというわけではなく、境界線が曖昧です。ある問題が見方によっては幾何学的に見えたり、解析学的に見えたり、代数学的に見えたりすることはさほど珍しくありません。

新課程で学ぶこと

2022年度からの新課程では、高校数学は応用数学を重視した内容になっています。2012年度からの変更では「データの分析」が必修化しましたが、今回は、発展的な「統計的推測」も3年生の範囲だったものが2年生の範囲に移動してきています。

著者の時代（十数年前）では**データの分析**は教科書の後ろのほうに載っている「授業で扱わない項目」で、もしもセンター試験で他の問題を解けなかったときに「データの分析」を選択できるよう自習しておくと有利であるとだけ教えられていました。それが今では必修項目です。これからの時代、日本では応用数学の知識をある程度持っていることが普通になっていきます。もうすぐ来るその時代に向けて、数学の力をつけていきましょう。

有理数・無理数って何？

平方根、根号の計算規則

この節では高校数学で使う数の基本を確認します。小学校算数では正の数のみを扱いましたが、中学以降の数学では負の数まで数の範囲を拡張し、数は数直線上の点に対応するものとして考えるようになっています。この数直線上の点に対応する数が**実数**です*。

平方根

まずは中学校範囲の復習・確認です。0以上の数aに対して、2乗するとaになる数をaの**平方根**といいました。では9の平方根は？

このとき注意するのは数学では常に「すべて」を考えることが前提となっていることです。「9の平方根は何か？」という問いは「2乗して9になる数をすべて答えなさい」ということなので、答えは「3と-3」つまり、「±3」と答えなければなりません。

次は**根号**です。0以上の数aに対して、2乗してaになる負でない数を$\sqrt{a}$で表し、この記号を根号といいます。この定義でわかるように$\sqrt{a}$は必ず0以上となります。ですから$\sqrt{9}$は3であって±3ではありません。

根号の計算規則

根号は次の計算規則に従います。

a,bを正の数とするとき、

$$\text{i) } \left(\sqrt{a}\right)^2 = a \quad \text{ii) } \sqrt{a^2} = a \quad \text{iii) } \sqrt{a} \times \sqrt{b} = \sqrt{ab} \quad \text{iv) } \frac{\sqrt{a}}{\sqrt{b}} = \sqrt{\frac{a}{b}}$$

i)、ii) は定義通りです。iii)、iv) は掛け算、割り算と根号は交換可能であることを示しています。ここで注意しなければならないのは、足し算、引き算と根号は

＊実は実数のきちんとした定義は難しいのですが、ここではそこには立ち入らず直感的な説明をしていきます。

交換可能ではないことです。ii)の式は注意が必要です。これはaが負の時には成り立ちません(例:$\sqrt{(-3)^2}=\sqrt{9}=3\neq-3$)

$$\sqrt{a}+\sqrt{b}\neq\sqrt{a+b} \qquad \sqrt{a}-\sqrt{b}\neq\sqrt{a-b}$$

$a=16$、$b=9$といった例を考えてみればこれらが成り立たないことは明らかですが、高校生がつい間違えてしまうところです。

有理数と無理数

p,qを整数とするとき(ただし$q\neq0$)、$\dfrac{p}{q}$で表される数、つまり、整数と整数の比で表せる数を**有理数**といいます。整数、有限小数、循環する無限小数は有理数となります。また有理数は必ずこれらのどれかに属します。ところが、$\sqrt{2}$や円周率πなどは循環しない無限小数となります。したがって、有理数ではありません。このような数を**無理数**といいます。無理数は、有理数ではないので、整数と整数の比では表せない数です。そして有理数と無理数を合わせたものを**実数**といいます。当面、「数」といった場合は実数の範囲で考えることとします。このあとで触れる方程式の章では、数の範囲をさらに拡張して「数直線上に表せない数」(虚数(Imaginary number))を考えます。実数(Real number)という言い方は実は、この虚数に対する呼称です。

実数
- 有理数
  - 整数 ―― $3=\dfrac{3}{1}$, $0=\dfrac{0}{1}$, $-10=-\dfrac{10}{1}$ など
  - 有限小数 ―― $0.7=\dfrac{7}{10}$, $-3.4=-\dfrac{17}{5}$ など
  - 循環無限小数 ―― $0.333\cdots=\dfrac{1}{3}$, $3.121212\cdots=\dfrac{103}{33}$ など
- 無理数　循環しない無限小数 ―― $\sqrt{2}=1.41421356\cdots$, $\pi=3.141592\cdots$ など

$\sqrt{2}$が無理数であることの証明

2乗して2になる正の数$\sqrt{2}$は無理数であること、つまり整数の比で表せない数であることは、古代ギリシャの数学者ピタゴラスとその弟子たちによって初めて発見されたとされています。それまで人類は、整数の比ですべての数は表

せるものだと考えていたのです。直感的に捉えられる整数で表されない数の発見は大きな驚きでした。高校数学ではこの事実を以下のように**背理法**を用いて証明をするのが一般的です。

「$\sqrt{2}$が無理数である」…❶であることを証明する。

❶が真ではない、すなわち、「$\sqrt{2}$が有理数である」と仮定する。すなわち、

$$\sqrt{2}=\frac{p}{q}\cdots❷\quad(p,q\text{は整数、ただし、}q\neq 0)$$

と表されると仮定する。このとき、p,qが1以外の公約数を持っている場合は、その公約数で$\frac{p}{q}$は約分される。これを繰り返すことにより、p,qの最大公約数を1にすることができる。したがって、p,qは1以外の公約数を持っていない整数の組とできる（…❸）ことに注意する。[*1]

❷式の両辺にqを掛け、2乗することで次のような式を得る。

$$\sqrt{2}\cdot q=p$$

$$2q^2=p^2\cdots❹$$

qは整数であるから、❹の左辺は偶数。よって右辺のp^2も偶数。したがって、pは偶数となる…❺。ゆえにある整数aを用いて、pは次のように表せる。[*2]

$$p=2a$$

これを❹に代入すると、次のような式が導ける。

$$2q^2=(2a)^2=4a^2$$

$$\therefore q^2=2a^2$$

aは整数であるから、右辺は偶数。よって、先程と同様にしてqは偶数…❻。

❺、❻より、p,qは共に偶数、すなわち2を公約数に持つことが示された。しかし、これは、p,qは1以外の公約数を持っていない整数の組とした❸に矛盾する。この矛盾は❷を仮定したことによって導かれるものである。

したがって、❷は否定されなければならない。すなわち、「$\sqrt{2}$が有理数である」のではない、ので、証明すべき命題「$\sqrt{2}$が無理数である」……❶は真である。（証明終）

数学偉人伝

ピタゴラス（紀元前582～496年）[*3]

古代ギリシャの哲学者。イオニア地方のサモス島出身で各地を旅した後に、イタリア南部のクロトンに「万物の根源は数である」という彼の主張に基づくピタゴラス教団という宗教団体を設立し、数学の研究をしたといわれます。**ピタゴラスの定理**（日本では「**三平方の定理**」という）の証明もここでなされたとされます。

●ピタゴラスの定理（三平方の定理）

図で $a^2 + b^2 = c^2$ が成り立つ

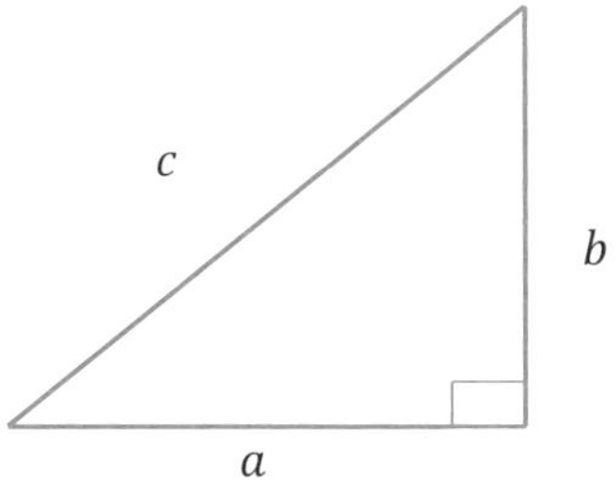

ピタゴラスはすべての数は整数の比で表されると考えていました。ところがピタゴラスの定理を研究する中で1辺が1の正方形の対角線の長さ $\sqrt{2}$ が 2 整数の比で表せないことが教団の中で明らかになってしまったのです。これは彼の教義の根本を否定するものでしたから、この事実は教団の極秘事項とされ、外に漏らした者は死罪となるとされました。

しかし、この教団は地元の住民との抗争に巻き込まれ焼き討ちにあってしまい、ピタゴラスも殺されて教団は滅びてしまいました。そして、教団が無くなった後に生き残ったメンバーによって「整数の比で表せない数」がこの世に存在することが外部に伝えられていきました。こうして人類は「無理数の存在」を知ることになったといわれています。

＊1 1以外に公約数を持たないことを「p,q は**互いに素**である」といいます。

＊2 もし、p が奇数であるならば、p^2 は奇数となります。したがって、p^2 が偶数であるときは p は偶数でなければなりません。

＊3 生年、没年については諸説があるようです。

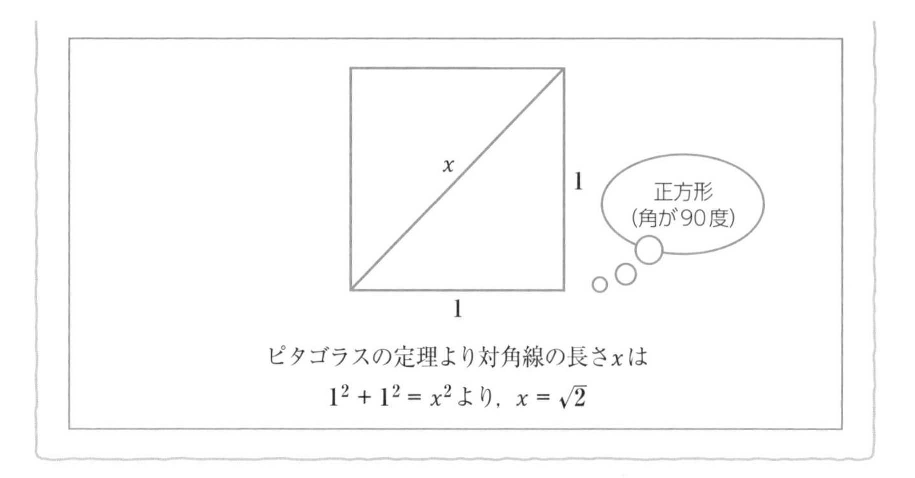

累乗根

２乗してある数になる数―平方根の考え方は次のようにより一般化できます。

実数aに対して$x^n=a$を満たすxの値を**aのn乗根**といいます。

平方根は２乗根のことです。２乗根、３乗根、４乗根…のことを**累乗根**といいます（この節では累乗根は実数の範囲で考えます）。

（例）(1) 16の４乗根は±2（偶数乗根は±の２つがある）

(2) 8の３乗根は2（奇数乗根は１つだけになる（$(-2)^3=-8\neq 8$）

(3) −27の３乗根は−3（奇数乗根は負の数に対しても存在する）

累乗根は次のように$\sqrt[n]{a}$という記号を用いて表します。

ｉ）nが奇数のときaの符号にかかわらずaのn乗根を$\sqrt[n]{a}$で表します。

（例）$\sqrt[3]{8}=2$、$\sqrt[3]{-27}=-3$

ⅱ）nが偶数のとき$a<0$のときはaのn乗根は存在しません。

$a>0$のときaのn乗根は正の値と負の値の２つ存在します。そのうちの正の値の方を$\sqrt[n]{a}$で表します。$\sqrt[2]{a}$は$\sqrt{a}$のことです（通常$\sqrt{a}$で表します）。

（例）$\sqrt[4]{16}=2$（$\sqrt[4]{16}$は−2は表しません。$\sqrt[4]{16}$を±2とするのも誤りです）

指数法則

ここで累乗を含む式の計算規則を確認しておきましょう。以下、a,bは0でない実数、m,nは自然数とします。このとき次の式が成り立ちます。これを**指数法則**といいます。

i）$a^m \times a^n = a^{m+n}$（aをm個掛けたところにさらにaをn個掛けるので合計$m+n$個掛けたことになる）

ii）$\dfrac{a^m}{a^n} = a^{m-n}$（分子は$a$が$m$個掛けられていて、分母は$n$個掛けられているので、約分すると分子には$m-n$個だけ$a$が残る）

iii）$(a^m)^n = a^{mn}$（1セット当たりaがm個掛けられていて、それがnセットあるので、合計$m \times n$個aが掛けられている）

iv）$(ab)^n = a^n b^n$（$a \times b$がn個掛けられているので、a,bはそれぞれn個ずつ掛けられる）

指数の拡張

ここまでは指数m,nは自然数の範囲としてきましたが、高校数学ではこれを負の数、さらには有理数にまで拡張して考えます。そうすると、複雑な指数の計算が指数法則を貫徹することで楽にできるようになるのです。次のように考えます。

(1) 指数法則 ii）$\dfrac{a^m}{a^n} = a^{m-n}$で、$m=n=0$としてみます。すると、

$$\frac{a^m}{a^m} = a^0 \quad \therefore \quad 1 = a^0$$

となります。そこで、$a^0 = 1$と定義します。

(2) さらに　指数法則 ii）$\dfrac{a^m}{a^n} = a^{m-n}$で、$m=0$としてみます。すると

$$\frac{a^0}{a^n} = a^{0-n} \quad \therefore \quad \frac{1}{a^n} = a^{-n}$$

となります。そこで、$a^{-n} = \dfrac{1}{a^n}$と定義します。

(3) $\sqrt[n]{a}$をa^xと表したとき、xに何が入るかを考えてみます。$\sqrt[n]{a}$はn乗するとaとなる数ですから、次の式が成り立ちます。

$$\left(\sqrt[n]{a}\right)^n = a \quad \therefore \quad (a^x)^n = a$$

すると指数法則 iii) $(a^m)^n = a^{mn}$ がこのときも成り立つとすると

$(a^x)^n = a^{nx}$ より、$a^{nx} = a^1$。すなわち、$nx = 1$。$\therefore x = \dfrac{1}{n}$

これより、$\sqrt[n]{a} = a^{\frac{1}{n}}$ と定義します。

「0回掛けるってなんだ？」「$-n$回掛けるってなんだ？」「$\dfrac{1}{n}$回掛けるってなんだ？」と考えてしまうと混乱します。これらは、「**1をa^0と表すと都合がよい**」「**$\dfrac{1}{a^n}$をa^{-n}と表すと都合がよい**」「**$\sqrt[n]{a}$を$a^{\frac{1}{n}}$と表すと都合がよい**」というだけのことです。つまり、表記法であるということを理解するとよいでしょう。

映画『プルーフ・オブ・マイ・ライフ』(2005年 アメリカ)

ピュリッツァー賞、トニー賞を受賞した舞台劇の映画化です。ジョン・マッデン監督作品。主演グウィネス・パルトロー、アンソニー・ホプキンス、ジェイク・ギレンホールほか出演。『恋におちたシェイクスピア』のジョン・マッデン監督と同作品でアカデミー賞主演女優賞を獲得したグウィネス・パルトローが再びタッグを組んだ作品です。

精神に病を抱える天才数学者の父親と、介護に専念する娘の物語です。証明によって人生が変化していく過程がていねいに描かれています。数学の専門的知識がなくても楽しめる作品となっています。

練習問題

練習問題1

a,bが正の数のとき、$\sqrt{a}+\sqrt{b} \neq \sqrt{a+b}$であることを左辺、右辺をそれぞれ2乗した式を計算することによって確認してみましょう。

練習問題2

分数$\dfrac{p}{q}$（p,qは整数、$q \neq 0$）が有限小数となる条件は何でしょうか。

練習問題3

$3.121212... = \dfrac{103}{33}$となることを次の手順で示してみましょう。

ⅰ）$x=3.121212...$とおく。
ⅱ）xを100倍した値$100x$を作る。
ⅲ）$100x$からxを引いた値を求める。
ⅳ）ⅲ）の値を99で割る。

練習問題4

$\sqrt{2}$が無理数であることを用いると、有理数p,qについて「$p+\sqrt{2}q=0$ならば、$p=q=0$である」ことが証明できます。「$q \neq 0$と仮定する」として、背理法を用いて証明してみましょう。有理数同士の四則演算の結果は有理数となることは前提としてよいです。

練習問題5

次の値を求めましょう。

(1) $\sqrt[4]{256}$

(2) $\sqrt[5]{-243}$

(3) $\sqrt[6]{64}$

(4) $\sqrt[3]{\sqrt[4]{4096}}$

練習問題6

次の式を拡張された指数を用いて表し、その値を求めてみましょう。

(1) $\sqrt[3]{\sqrt[4]{4096}}$

(2) $\sqrt[3]{9} \times \sqrt[3]{81}$

(3) $\sqrt[3]{5} \div \sqrt[12]{5} \times \sqrt[8]{25}$

映画『ラスベガスをぶっつぶせ』(2008年 アメリカ)

アメリカの実業家、ジェフ・マーをモデルにした物語で、ベン・メズリックによる原作小説もあります。マーは、マサチューセッツ工科大学在学中に、ブラックジャックチームに所属していて、ラスベガスで荒稼ぎしていたといわれています。実際にあったブラックジャックのカードカウンティング事件を題材にしています。監督ロバート・ルケティック、主演ジム・スタージェス、ケイト・ボスワース。

ジェフ・マーは、確率論を使えば、ディーラーよりも有利な立場に立てると考え、ブラックジャックで大儲けしようと計画します。

映画では、モンティ・ホール問題が取り上げられるなど、数学好きの興味をそそる映画となっています。ぜひご覧ください。

解答・解説

(練習問題1)

$$(\text{左辺})^2 = (\sqrt{a} + \sqrt{b})^2 = (\sqrt{a})^2 + 2\sqrt{a}\sqrt{b} + (\sqrt{b})^2 = a + 2\sqrt{ab} + b$$
$$(\text{右辺})^2 = (\sqrt{a+b})^2 = a + b$$

となり、a,bは正なので左辺と右辺は等しくない。

(練習問題2)

分母qが$q=2^a5^b$の形をしている、つまり素因数として2と5のみを持つときに、$\dfrac{p}{q}$は有限小数となります。2と5以外の素因数を含んでいるときは循環無限小数となります。これは、私たちが用いている数の表示が十進法であることによります。たとえば、有限小数0.123は

$$\frac{123}{1000} = \frac{123}{2^3 \times 5^3}$$

と表されます。これを見ると、分母の素因数分解には2と5以外の素数は現れないことがわかります。

(練習問題3)

ⅰ) $x=3.121212...$とおく。

ⅱ) $100x=312.121212...$

ⅲ) $100x=312.121212...$

　　$-)\ x=3.121212...$

　　$99x=309$

ⅳ) よって、

$$x=\frac{309}{99}=\frac{103}{33}$$

このようにして、循環無限小数は循環する部分が重なるように10の何乗かを掛けて引けば、整数と整数の比で表せるのです。

● (練習問題4)

$q \neq 0$と仮定する。……❶

$p+\sqrt{2}q=0$より、$\sqrt{2}q=-p$。ここで、❶より$q \neq 0$であるから、両辺をqで割ることができる。よって、$\sqrt{2}=-\dfrac{p}{q}$。このとき、右辺は有理数同士の商であるから有理数。ところが左辺の$\sqrt{2}$は無理数であるから、(無理数) = (有理数) となってしまっている。無理数は有理数でない数であるから、これは矛盾。よって、仮定❶は否定される。ゆえに$q=0$。これを$p+\sqrt{2}q=0$に代入すると、$p=0$。以上より、$p+\sqrt{2}q=0$ならば、$p=q=0$であることが証明された。

● (練習問題5)

(1) $\sqrt[4]{256}=4$

(2) $\sqrt[5]{-243}=-3$

(3) $\sqrt[6]{64}=2$

(4) $\sqrt[3]{\sqrt[4]{4096}}=2$　($4096=2^{12}$ なので、$\sqrt[4]{4096}=\sqrt[4]{2^{12}}=\sqrt[4]{8^4}=8$。よって、$\sqrt[3]{\sqrt[4]{4096}}=\sqrt[3]{8}=2$)

● (練習問題6)

(1) $\sqrt[3]{\sqrt[4]{4096}}=(2^{12})^{\frac{1}{4}\times\frac{1}{3}}=2^{12\times\frac{1}{12}}=2$

(2) $\sqrt[3]{9}\times\sqrt[3]{81}=(3^2)^{\frac{1}{3}}\times(3^4)^{\frac{1}{3}}=(3^2\times3^4)^{\frac{1}{3}}=(3^6)^{\frac{1}{3}}=3^{6\times\frac{1}{3}}=3^2=9$

(3) $\sqrt[3]{5}\div\sqrt[12]{5}\times\sqrt[8]{25}=5^{\frac{1}{3}}\times5^{-\frac{1}{12}}\times(5^2)^{\frac{1}{8}}=5^{\frac{1}{3}-\frac{1}{12}+\frac{1}{4}}=5^{\frac{4-1+3}{12}}=5^{\frac{1}{2}}=\sqrt{5}$

モデル検査

「論理」のコンピュータサイエンスへの応用として、**モデル検査**が有名です。モデル検査ではシステムが正常に動くかどうかを確かめるため、システムの動作を3節で導入するような論理記号で表します。それに加えて□(これ以降常に)や◇(これ以降のいつかに)などの時間に関する記号を用いて、例えばpを「遮断機が上がる」として◇pで「いつかは遮断機が上がる」ことを表したりします。踏切で遮断機がずっと上がらなければ困りますから、これが成り立たなければ何か異常が起きている、と判断できます。

集合って何の役に立つの？

集合と論理の関係

「集合」とは大まかにいうと、ある条件を満たした「もの」の「集まり」のことです。例えば、学校での「クラス」がこの**集合**にあたります。クラスは生徒たちが集まってできています。この生徒たちのように集合を構成しているものは**要素**といいます。高校数学ではこの「集合」が、数学を支える論理を考えるときの基礎として扱われます。

集合の使い方

例えばある人が「昔、私は『背が高くてお金持ちの人と結婚したい』と思っていたけど、でも現実はそうじゃなかったのよね」と言っていたとしましょう。では、この人は「背が高くなくてお金持ちでもない人」と結婚したのでしょうか？

このような身近な話の中にも、集合の考え方が使えます。「背の高い人」の集合をP、「お金持ちの人」の集合をQのように表して、図1のように表してみましょう。

図1

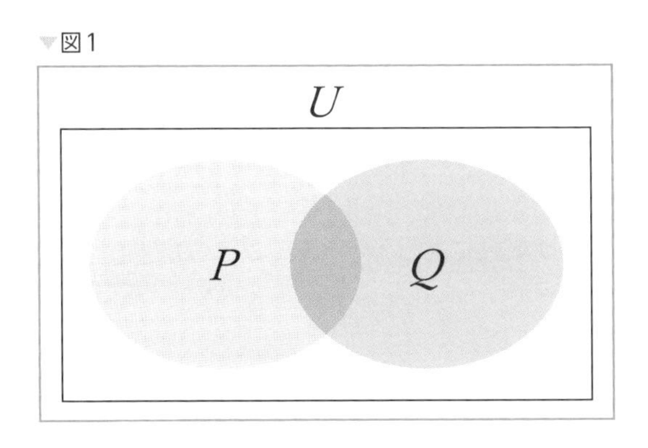

また、全体を表す集合（**全体集合**といいます）をUで表しておきます（このような図は**ベン図**といいます）。すると、「背の高くてお金持ちの人」はP, Qのいずれにも属している人になります。

これを集合では**共通集合**といって、$P \cap Q$といった記号で表します。これは図中で色が重なった部分になります。すると、「そうではなかった人」とは「$P \cap Q$ではない」集合となります。ある集合に属さない要素の集まりからなる集合を**補集合**といい、上に横棒を引いて表します。今の場合は$\overline{P \cap Q}$のように表すことになります。するとこれは「背が高くなくてお金持ちでもない人」の集合と一致しているでしょうか？　集合の記号で表せば、これは$\overline{P} \cap \overline{Q}$となるでしょうか？

そうではありませんね。「背が高くなくてお金持ちでない人」は図2の色がついた部分になりますが、これは$\overline{P \cap Q}$でありませんね。

$\overline{P \cap Q}$は図3の色をつけた部分です。これは$\overline{P}, \overline{Q}$のいずれかに所属している要素の集合となります。

これは$\overline{P}, \overline{Q}$の**和集合**といい、$\overline{P} \cup \overline{Q}$で表されます。この集合は「背が高くない人、または、お金持ちでない人」となります。要するに、「背が高い」と「お金がある」の両方を手に入れたかったのだけど、「両方は手に入らなかった」ということです。

▼図2

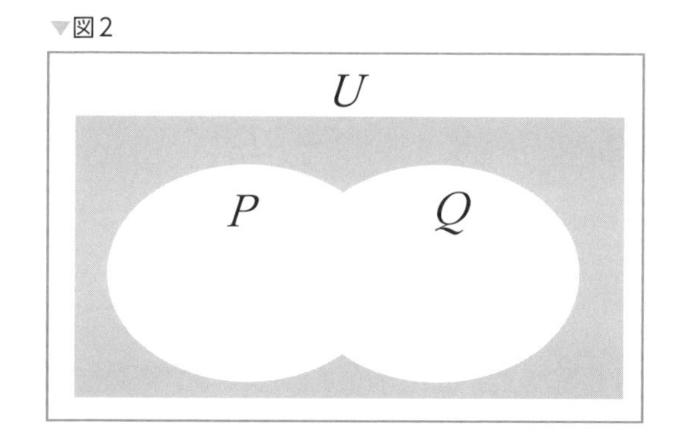

ここで扱った内容は**集合におけるド・モルガンの法則**として知られているものです。

▼図3

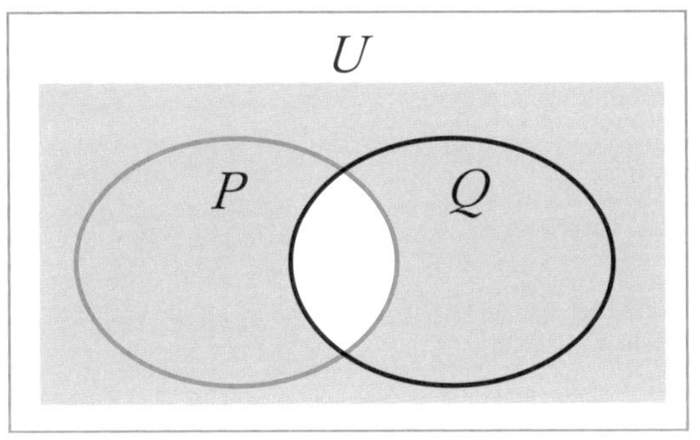

「PとQの共通部分の補集合は、Pの補集合とQの補集合の和集合となる」ということですが、記号で表すと次のようになります。

$$\overline{P \cap Q} = \overline{P} \cup \overline{Q} \quad \cdots\cdots❶$$

同様にして、次の式も成り立ちます。

$$\overline{P \cup Q} = \overline{P} \cap \overline{Q} \quad \cdots\cdots❷$$

「PとQの和集合の補集合は、Pの補集合とQの補集合の共通集合となる」ということですね。このように、記号を導入することによって簡潔に表すことができます。

●解いてみよう！1

❷の式が表していることをP：背の高い人の集合、Q：お金持ちの人の集合、として具体的に述べてみましょう。（答えはP30へ）

集合と論理

実は、集合を用いることで、論理を明確に扱うことができるようになります。

「背が高い」という条件をp、「お金持ちである」という条件をqと表すことにします（先程の集合の記号は大文字を使いましたが、こちらは小文字を使うことにします）。すると先程の集合Pはこの条件pを満たしている人の集まりだと考えられます。このようなとき、集合Pを条件pに対応する**真理集合**といいます。すると、pとqの条件を共に満たす条件（これを「pかつq」といい、記号では$p \land q$で表します）に対応する真理集合はPとQの共通部分$P \cap Q$となります。また、

pかqの少なくとも一方を満たす条件（これを「pまたはq」と言い、$p \vee q$で表します）に対応する真理集合は和集合$P \cup Q$となります。

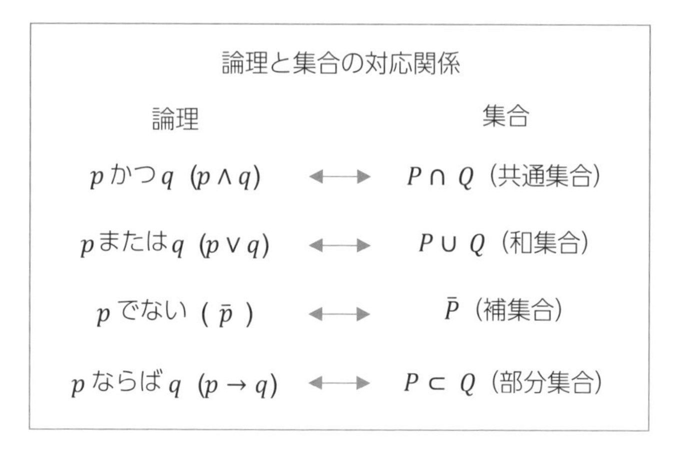

論理と集合の対応関係

論理		集合
pかつq ($p \wedge q$)	⟷	$P \cap Q$（共通集合）
pまたはq ($p \vee q$)	⟷	$P \cup Q$（和集合）
pでない ($\bar{p}$)	⟷	$\bar{P}$（補集合）
pならばq ($p \to q$)	⟷	$P \subset Q$（部分集合）

このように論理と集合は対応しています。従って、先程の集合におけるド・モルガンの公式に対応する、次の**論理におけるド・モルガンの法則**が導けます（高校数学では否定は上に横棒を引いて表します）。

$\overline{p \wedge q} \Leftrightarrow \bar{p} \vee \bar{q}$　「(pかつq) でない＝(pでない) または (qでない)」
$\overline{p \vee q} \Leftrightarrow \bar{p} \wedge \bar{q}$　「(pまたはq) でない＝(pでない) かつ (qでない)」

条件命題「pならばq」

条件pが成り立つならば、例外なくqが成り立つ、という命題を**条件命題**といいます（含意命題などともいう）。例えば「東京都に住んでいる (p) ならば日本国に住んでいる (q)」といった文がこれにあたります。(図4)

▼図4

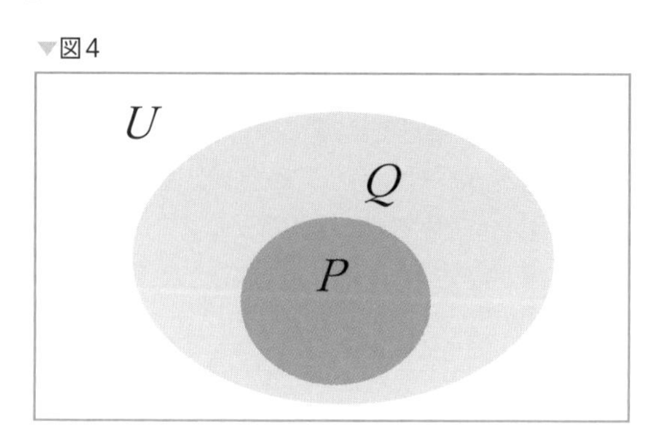

これはp,qに対応する真理集合P,Qの間に包含関係が成り立っていることに対応します（東京都（P）に属していれば、必ず日本国（Q）にも属しています）。このときPはQの**部分集合**であるといい、記号では$P \subset Q$で表します。

●解いてみよう！２

「pならばq」が正しいとき、「qならばp」は必ず正しいといえるでしょうか？そしてそうなる理由をベン図を見て考えてみましょう。（答えはP30へ）

ベン図は便利な図なので「ベン図」？

ベン図はとても便利な図なので「ベン図」というのか？　というと、実はそうではなく、イギリスの論理学者**ジョン・ベン**（John Venn,1834-1923）が考案したことから名付けられています。ただ、現在高校数学でベン図と一般にいわれているものは**レオンハルト・オイラー**（Leonhard Euler,1707-1783）の用いた図で、厳密にはオイラー図と呼ばれるものです。

▼ベン図

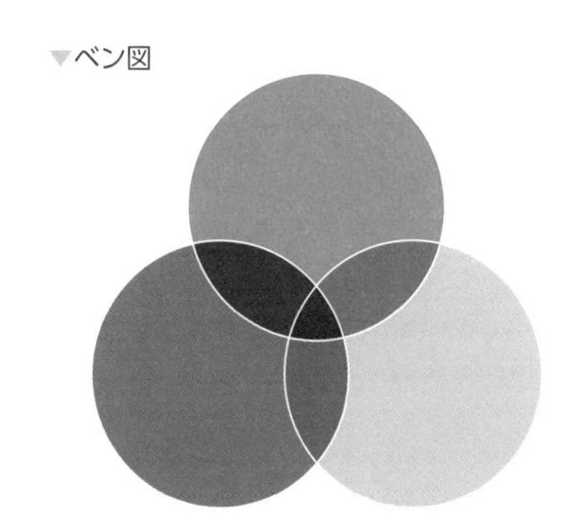

排他的選言と両立的選言

「または」は「選言」といういい方もされますが、これには２種類があります。次の２つの例を見てみましょう。

A.「中性脂肪値が150mg/dl以上（p）またはHDLの値が40mg/dl未満（q）だと検査の対象です」
B.「食後のお飲み物はコーヒー（p）または紅茶（q）がお選びできます」

両方とも「または」が使われていますが、意味が異なりますね。Aの「pまたはq」は「pかつq」のケースを含んでいますが、Bの「pまたはq」は「pかつq」のケースを含んでいません。このように「または」の意味は前後の文脈によって異なることがあるのです。前者を**両立的選言**、後者を**排他的選言**のようにいいますが、数学で使われる「または」は両立的選言の意味で使われています。

用語のおさらい

部分集合　集合Aのすべての様子が集合Bの要素になっているとき、AをBの部分集合といいます。

共通部分　集合AとBの共通要素によって作られる集合のことです。

和集合　集合A、Bの少なくとも一方に属する要素全体の集合をAとBの和集合といいます。

補集合　集合Aに属さない要素からなる集合体をいいます。

ド・モルガンの法則　集合の演算に関する法則です。例えば、「AまたはBではない」集合は、「Aではない」かつ「Bではない」集合と同じです。また、逆に、「AかつBではない」集合は、「Aではない」または「Bではない」集合と同じです。

条件命題　命題とは、正しいか正しくないかが明確に決まる事柄をいいます。「もしAならばBである」という形で述べられた命題。

解いてみよう！の解答・解説

（解いてみよう！1）

「背が高いか、お金持ちである人の集合」でないのは「背が高くなくてお金持ちでもない人の集合」

（解いてみよう！2）

PがQの部分集合であるとき、$\overline{P}\cap Q$である部分（2つの集合の間の部分）に要素があると、「qであるがpでない」ケースがあることになり、「qならばp」は必ず正しいとはいえない。

十分条件・必要条件って何?

演繹的推論と帰納的推論

「pならばq」という形の命題が真であるときに、「pはqであるための**十分条件**」といい、「qはpであるための**必要条件**」であるといいます。この「十分条件・必要条件」は高校数学で何度も出てくる大切な考えなのですが、多くの高校生が苦手とするものです。何分、抽象的で何を意味しているのかピンときませんね。その意味をきちんと捉えることが大切です。

十分条件

「pならばq」という命題が真であるとき、対応する真理集合P, Qについて、$P \subset Q$が成り立つ、つまり、PがQの部分集合になるのでした。これを図1のようにここでは立体的に表現してみました。フロア(U)、ステージ(Q)、お立ち台(P)があって、ここにアイドルたち(各集合の要素)がいるといった状況をイメージしてみてください。

するとまず、お立ち台(P)に立っていれば、もうそれだけでステージ(Q)の上にいることは保証されていますね。

▼図1

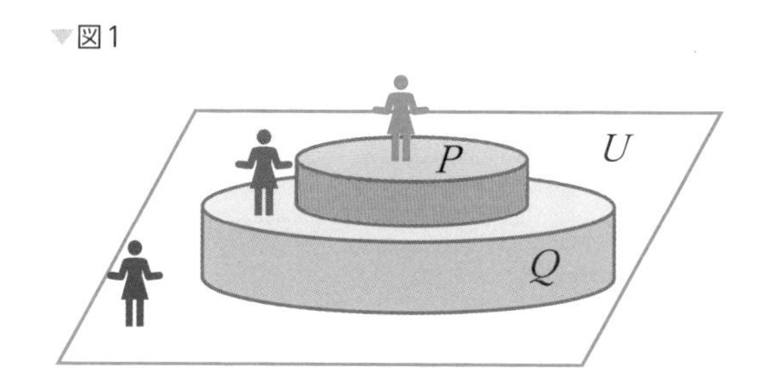

つまり、

「pであれば、もうそれだけで十分にqであることはいえている」

ので、「**pはqであるための十分条件である**」になるわけです。

必要条件

次は必要条件です。ステージの外にいる人たち（$\overline{Q}$に所属する人、つまり「qでない人」）を考えてみてください。この「qでない人」が「私もあのお立ち台（P）の上に立ちたいわ」と言ったとしましょう。すると、ステージ（Q）にいる人、つまり「qである人」がこう言うのです。

「何を言っているの！　お立ち台に立つ（pである）ためには、まずこのステージの上に立つ（qである）ことが**必要**なのよ！」

つまり、「**pであるためには、まず、qであることが必要**」なので、「**qはpであるための必要条件**」となるのです。

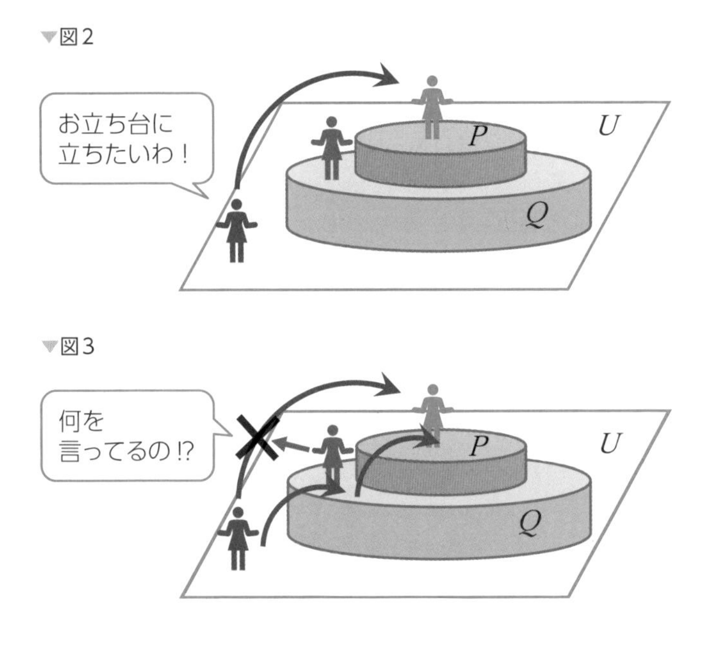

●解いてみよう！1

pはqであるための、何条件になるでしょうか？

(1) p「東京都に住んでいる」、q「日本に住んでいる」

(2) p「$x^2>1$」、q「$x>1$」

(3) p「nは偶数」、q「nは2の倍数」　（答えはP35へ）

十分条件と必要条件は逆ではないのか？

以上のように「『pならばq』が真であるとき、pをqであるための十分条件、qをpであるための必要条件という」というのが、十分条件・必要条件の定義なのですが、「それは逆ではないのか？」という疑問を持たれた方はいませんか？　例えば、「『p：勉強をたくさんする』と、『q：大学に合格する』」という文を考えてみると、『p：勉強をたくさんする』ことは『q：合格』のために必要なんだから、pはqのための必要条件ではないか？

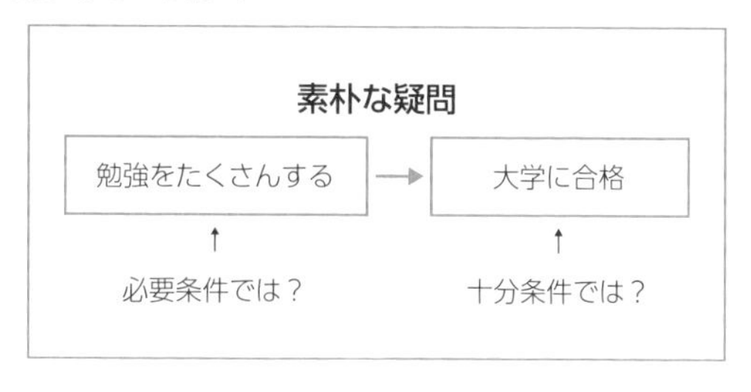

『p：勉強をたくさんする』と十分に『q：合格』するようになるのだから、qはpであるための十分条件ではないか？　のように思えてきます。

演繹的推論と帰納的推論

この錯覚は、演繹的推論と帰納的推論の違いから生じるものです。前提から結論を導く過程のことを一般に**推論**といいますが、この推論には大きく分けて2種類あります。前提を認めたならば必ず結論が成立する推論が**演繹的推論**です。高校数学で扱う命題は演繹的推論に属しています。

例えば「$x>1$ならば$x^2>1$」ならば、「$x>1$」を認めれば例外なく「$x^2>1$」は成立しています。

しかし、私たちの日常生活に現れるほとんどの推論は、前提を認めたら必ず結論が成立するという推論ではありません。このような推論が**帰納的推論**です。

例えば「勉強をたくさんする」と必ず「大学に合格」できるとはいえませんね。他の人がもっと勉強していたとか、入試当日に実力が発揮できなかったなんてこともあるでしょう。帰納的推論は前提を認めても、必ず結論が導けるとはいえないので、最後に「～だろう」がつくような推論だともいえます。

すると、帰納的推論では前提から結論を導く力が確実ではないので、結論を導く確実性を高めるには、前提の方を強めることになります。

したがって前提の方が必要条件であるかのように見えたのです（合格するためにはたくさん勉強することが必要だ）。そして前提が強まった結果、結論が導けるように見えるので結論の方が十分条件に見えてしまうのです（勉強をたくさんすると、十分に合格という結果が得られるようになる）。

私たちの日常生活に現れる推論のほとんどは帰納的推論です。その感覚を演繹的推論である高校数学の命題に持ち込んでしまうと誤解が生じてしまうのです。

●解いてみよう！2

x,y,zは実数とします。次の四角に入るものを、ア：十分条件であるが必要条件ではない、イ：必要条件であるが十分条件ではない、ウ：必要十分条件である、エ：十分条件でも必要条件でもない、から選んでください。

(1)「p：$x=y$」であることは「q：$xz=yz$」であるための□。
(2)「p：$x>y$」であることは「q：$xz>yz$」であるための□。
(3)「p：$x+y>1$かつ$xy>1$」であることは「q：$x>1$かつ$y>1$」であるための□。
(4)「p：三角形ABCにおいて$AB^2+BC^2=CA^2$」であることは「q：三角形ABCが直角三角形である」であるための□。
(5)「p：$x^2+y^2=0$」であることは「q：$x=0$かつ$y=0$」であるための□。
(答えはP35へ)

推論の分類について

演繹的推論と帰納的推論については、次のような分類もあります。

演繹的推論：背後にある原理や仕組みから、個別の事実を導く推論
例：いくつかの公理から定理を導いていくユークリッド幾何学
$f=ma$, 作用反作用の法則から力学の諸法則を導くニュートン力学　等

帰納的推論：個別の事実から、背後にある原理や仕組みを導く推論
例：これまで見てきたカラスは皆色が黒い、だからカラスは色が黒い
皆が傘を持って歩いている、今日は雨になるのだろう　等

●解いてみよう！の解答・解説

● (解いてみよう！ 1)

p,qに対応する真理集合をP,Qとします。

(1) $P=$ {東京都に住んでいる人}、$Q=$ {日本に住んでいる人} とすると、$P\subset Q$。よって、pはqであるための十分条件。

(p「東京都に住んでいる」であればそれだけで十分q「日本に住んでいる」は成立するので、pはqであるための十分条件、と考えることもできます。しかしp「東京都に住んでいる」ことはq「日本に住んでいる」ために必要か、というと、別に東京都に住んでいなくても例えば大阪府などに住んでいればq「日本に住んでいる」ことは成立しますから、pはqであるための必要条件とはいえません)

(2) $P=\{x|x^2>1\}$、$Q=\{x|x>1\}$ とすると、$P=\{x|x<-1$または$1<x\}$ なので、$P\supset Q$。よって、pはqであるための必要条件。ただし、{$x|x$の条件式} で条件式を満たすようなxをすべて含む集合を表します。

(p「$x^2>1$」でない、つまり「$x^2\leq 1$」であると、q「$x>1$」にはなり得ません。ですから、pはqであるための必要条件となります。しかし、p「$x^2>1$」であればそれだけで十分q「$x>1$」であるといえるかというと、$x<-1$のような例外があるので、pはqであるための十分条件とはいえません)

(3) $P=\{n|n$は偶数$\}$、$Q=\{n|n$は2の倍数$\}$ とすると、$P=Q$なので、$P\subset Q$、$P\supset Q$は同時に成立します。このようなときは、pはqであるための**必要十分条件**であるといいます。このときpとqは**同値**であるといいます。

● (解いてみよう！ 2)

(1) ア (「$q\rightarrow p$」は$z=0$のとき例外あり)

(2) エ (「$p\rightarrow q$」「$q\rightarrow p$」は共に$z\leq 0$のとき例外あり)

(3) イ (「$p\rightarrow q$」は$x=4$、$y=\frac{1}{2}$などの例外あり)

(4) ア (「$q\rightarrow p$」は∠Aや∠Cが90°のとき成立せず)

(5) ウ (x,yは実数であることにより、$x^2\geq 0$、$y^2\geq 0$がいえるので、$x^2+y^2=0$から「$x=0$かつ$y=0$」が導けます)

「特急券を持っているので特急に乗れる」は間違い？

逆、裏、対偶

条件命題「pならばq」から形式的に作られる命題について考えてみます。これは論証をする際によくしてしまう誤ちをはっきり認識するためでもあり、また、論証の見通しをよくする道具を得るためでもあります。

逆・裏・対偶

条件命題「pならばq」が真であるならば、「qならばp」も必ず真でしょうか？これについては、第3節の（解いてみよう！2）で確認をしています。「pならばq」が正しいとき、図1のように対応する真理集合では「$P \subset Q$」が成り立っています。

▼図1

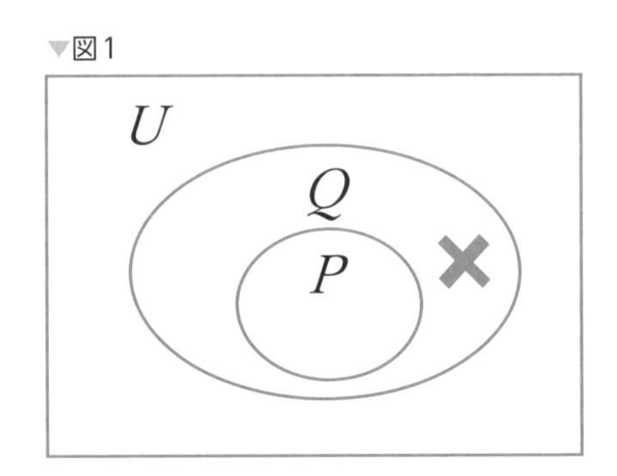

図を見ればわかるように、集合Qに属していたから必ず集合Pに属しているとはいえませんね（図中の×印）。したがって、「pならばq」という命題から「qならばp」という命題は導けないのです。

このときの「qならばp」という命題のことをもとの命題の**逆**といいます（元の命題と逆の命題の関係のことも「逆」の関係といいます）。もとの命題からその命題の逆を導いてしまう間違いはよく起こります。

例えば「ひし形の対角線は直交する」から「対角線が直交する四角形はひし形である」といってしまったりするのはその例です（図2：正方形はひし形の一種と考えるので「正方形がある」というのは反例にはなりません）。

▼図2　対角線が直交してもひし型ではない例

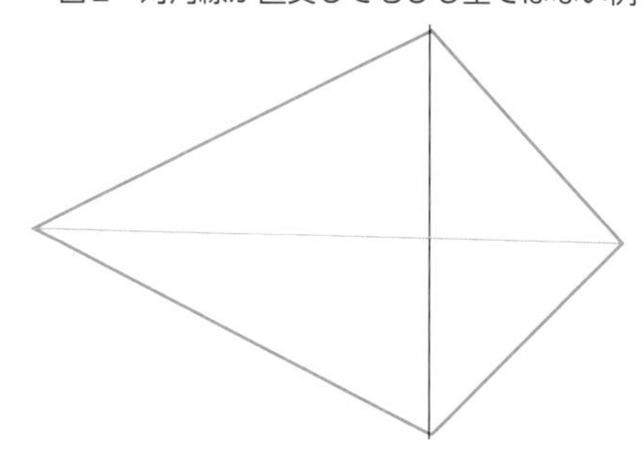

また、「(pでない)ならば(qでない)」という命題も形式的に作ることができます。これはもとの命題の**裏**といいます(元の命題と裏の関係にある命題ともいいます)。そしてこの裏の命題の逆、または逆の命題の裏は共に「(qでない)ならば(pでない)」となります。これをもとの命題の**対偶**といいます(元の命題と対偶の関係にあるともいいます)。もとの命題が真のときに、この裏や対偶の真偽はどうなるでしょうか？　次の図3のベン図を見て考えてみましょう。

▼図3

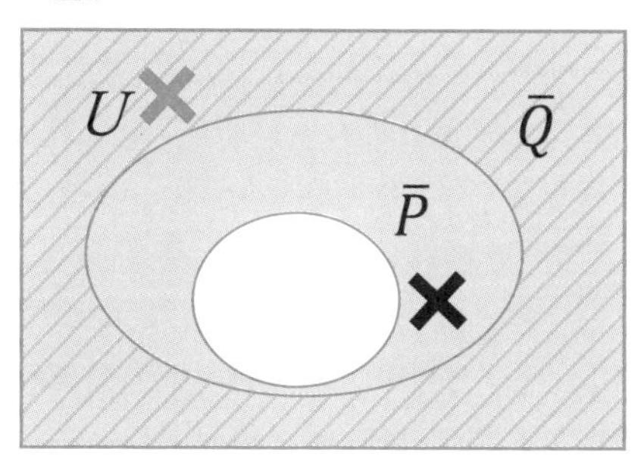

薄い灰色部分がPの補集合$\overline{P}$、斜線部分がQの補集合$\overline{Q}$です。黒の×を見ると「(pでない)が(qでない)のではない」例となっていますので、裏「(pでない)ならば(qでない)」は成り立っていません。色の×はどうでしょうか？(qでない)ケースですが、必ずこれは(pでない)を満たしています。したがって、対偶「(qでない)ならば(pでない)」は真であることがわかります。

以上は次のように図4にまとめることができます。逆や裏はもとの命題と真偽が一致するとはいえませんが、**対偶はもとの命題と真偽が一致します**。このことを利用して示しにくい命題を証明する方法が**対偶法**です。

▼図4

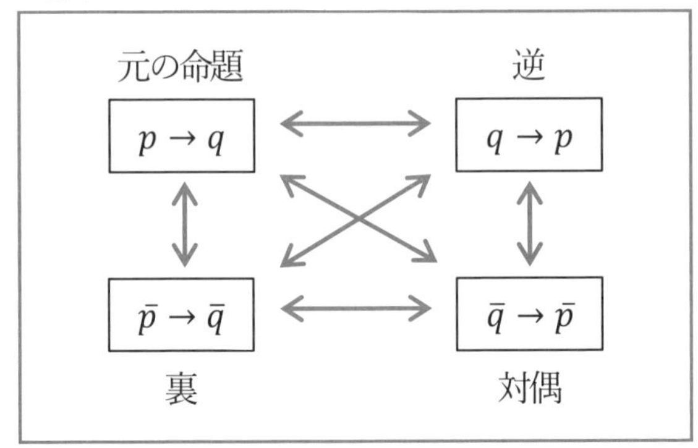

対偶法

●例題

> 実数x, yについて、「$(x+y<2$または$xy<1)$ならば$(x<1$または$y<1)$である」…❶ことを証明しなさい。

「または」はどちらか一方が成り立てばよいので、前半の条件は「$(x+y<2$かつ$xy<1)$」「$(x+y \geq 2$かつ$xy<1)$」「$(x+y<2$かつ$xy \geq 1)$」という3つのケースを含みます。後半も同様です。ですから直接証明しようとすると場合分けがあって大変です。そこで、示すべき命題の対偶を作ってみると「$(x \geq 1$かつ$y \geq 1)$ならば$(x+y \geq 2$かつ$xy \geq 1)$」…❷となります（ド・モルガンの法則に注意しましょう）。これはほぼ明らかですね。そこで「元の命題❶とその対偶❷は真偽が一致するので、対偶❷について証明する」と宣言して、「❷が成立することは明らか。よって、証明された」で証明が済んでしまいます。このような証明法を**対偶法**といいます。そして対偶法のように元の命題を直接証明するのではない方法を**間接証明法**といいます（他の間接証明法としては**背理法**、**転換法**などがあります）。

元の命題から裏の命題はやっぱり導ける？

●例題

駅で次のようなアナウンスが流れていました。
「次の特急列車は○番線から発車します。この列車の特急券をお持ちでない方はこの列車にはご乗車できません」
今、太郎さんはこの列車の特急券を持っています。このアナウンスによれば、太郎さんはこの列車に乗ることができるでしょうか？

「そんなの当たり前だ」と考えましたか？
アナウンスの内容は「特急券を持っていないならば特急には乗れない」と整理できます。これに対して「特急券を持っているならば、特急に乗れる」はどのような関係にあるでしょうか？　ちょっと考えてみてください。

「特急券を持っていない」をp、「特急には乗れない」をqという条件とすれば、アナウンスの内容は$p \rightarrow q$です。これに対して、「特急券を持っているならば、特急に乗れる」は$\overline{p} \rightarrow \overline{q}$となりますから、この2つは**裏**の関係です。ですから形式論理に従えば、アナウンスの内容からは、太郎さんはこの列車に乗れるという結論は導けなくなります。これは日常の常識から外れているように見えます。どういうことでしょうか？

このような例を持って「形式論理など意味はない」という早合点をしないようにしましょう。ポイントは、条件命題が真とは「例外なく成り立つ」ときだということです。例外はないか、を常に考えるようにしましょう。

例えば「危険物を持っている」「他の乗客に迷惑をかけている」といった場合には特急券を持っていても乗車を断られることがありますね。ですからやはり$\overline{p}$「特急券を持っている」から$\overline{q}$「特急に乗れる」は確実には導けないのです。

●解いてみよう！1

「特急券を持っている」ことは「特急列車に乗れる」ことの何条件になっていますか？　（答えはP40へ）

●解いてみよう！2

前提が正しいとしたとき、次の推論は正しいでしょうか？

(1)「今の政策によって生活が苦しくなっている。だから今の政策をやめれば生活は楽になる」

(2)「今月中に入会いただけると入会金は0円です」「今月中に入会しないと損だな。よし入会しよう」　(答えは以下へ)

●解いてみよう！の解答・解説

●(解いてみよう！1)

「特急に乗れる」ならば「特急券を持っている」は真。

「特急券を持っている」ならば「特急に乗れる」は例外があるので偽。

したがって、特急券を持っていることは特急に乗れるための必要条件であるが、十分条件ではない。

「特急列車にご乗車するには、特急券が必要です」といったよくあるアナウンスはこのことを意味している。

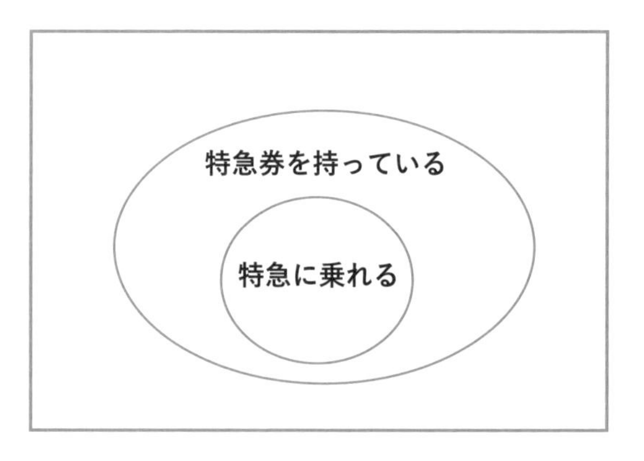

●(解いてみよう！ 2)

いずれも誤り。

(1) 今の政策をやめたならば必ずしも生活がよくなるとは限らない。

(2) 今月中の入会について述べているので、来月以降については何もいっていない。来月もまた入会金0円キャンペーンが行われるかもしれない。

6 「凶器を持っていたから彼が犯人だ」を否定すると？

「pならばq」の否定は何か？

高校数学で扱われる命題には「pならばq」という形の条件命題以外に、「すべてのxについてpである」や「あるxについてpである」という形の命題があります。これらは限定命題といわれます。

「p→q」の否定は何？

例題1

次の四角には「pならばq」の否定が入ります。ア～キのどれでしょうか？

刑事：容疑者Aのポケットに凶器が入っていた（p）。だからAが犯人だ（q）！
少年：違うよ、おじさん。だって［　　　　］よ。
刑事：うーん。確かにそうだな…。

ア．Aが犯人ならば凶器が入っていた（$q \to p$）
イ．凶器が入っていなかったならばAは犯人でない（$\overline{p} \to \overline{q}$）
ウ．Aは犯人でないならば凶器は入ってない（$\overline{q} \to \overline{p}$）
エ．凶器が入っていたならばAは犯人でない（$p \to \overline{q}$）
オ．凶器が入っていなかったならばAは犯人だ（$\overline{p} \to q$）
カ．Aが犯人ならば、凶器は入っていない（$q \to \overline{p}$）
キ．Aが犯人でないならば、凶器は入っている（$\overline{q} \to p$）

さて混乱しませんでしたか？　実は、初めの3つは順に元の主張の逆・裏・対偶です。アはAが犯人だという元の主張をむしろ支えます。イは凶器が入っていたという前提を否定してしまっているので議論が噛み合っていません。ウは元の主張の言い換えに過ぎません。これらは元の命題の否定とは関係がありません。つまり逆・裏・対偶は元の命題の否定とは無関係です。エは結論は**A**が犯人でないとなっていますが、その根拠が「凶器が入っていること」となっていますので、論理が繋がりません。ですから否定とはいえません。オはイと同じく前提を否定してしまっていますし、**A**を犯人としているのですから、お話になりません。カ、キも何をいっているのかわかりませんね。これでは「こらこら、ここは子どもの来るところではない」といわれて少年はつまみ出されてしまうでしょうね。

という訳で正解はこの中にはありません（すいません。どれかが正解とは書かれていませんので…）。

では$p \to q$の否定はどうなるのか、真理集合に戻って考えましょう。(図1)

▼図1

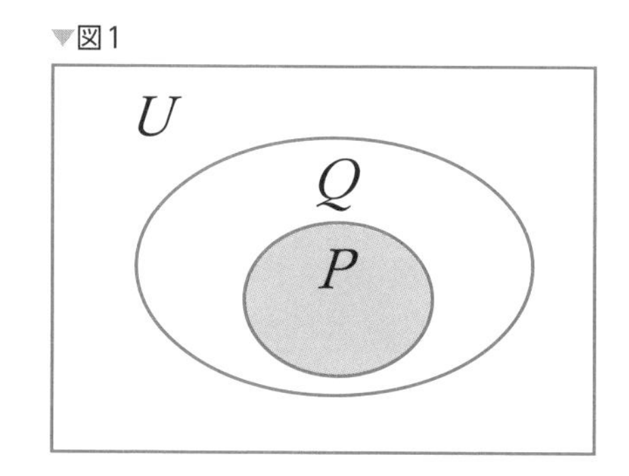

「$p \to q$」が真とはpであれば例外なく必ずqが導けるということでした。ですから真理集合Pに所属しているのに、Qに属してないケースが存在すればよいのです（図2の図中×）。

▼図2

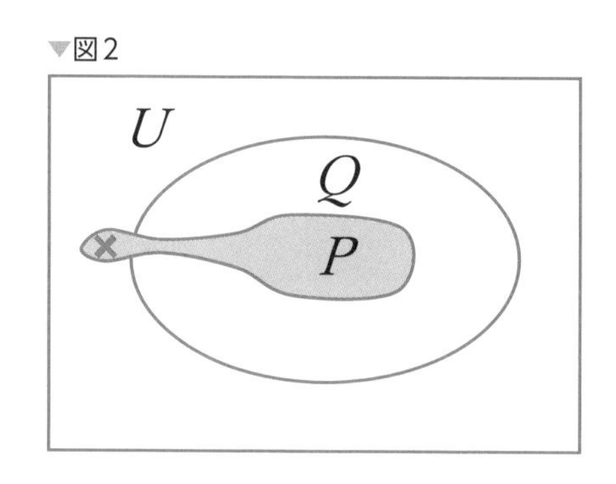

すなわち、$p \to q$の否定は、「pかつ（qでない）ことがある」となります。

このように「…ことがある」といったことを扱う命題は**限定命題**といわれます。限定命題には**全称命題**「すべてのxについてpである」と**特称命題**「あるxについてpである」があります。

●解いてみよう！1

P41の例題1の正しい答えを考えましょう。　（答えはP45へ）

限定命題におけるド・モルガンの法則

●例題2

次の命題の否定を考えましょう。
(1) この教室にいるすべての人はメガネをかけている。
(2) この教室にいるある人はメガネをかけている。

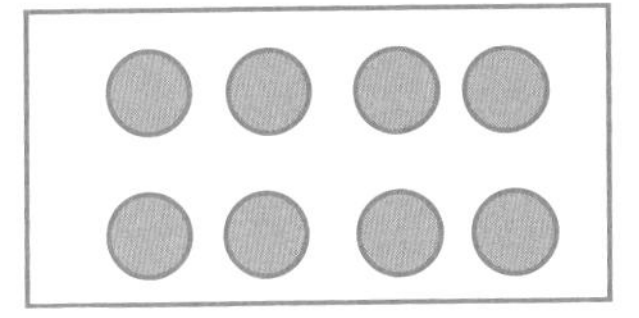
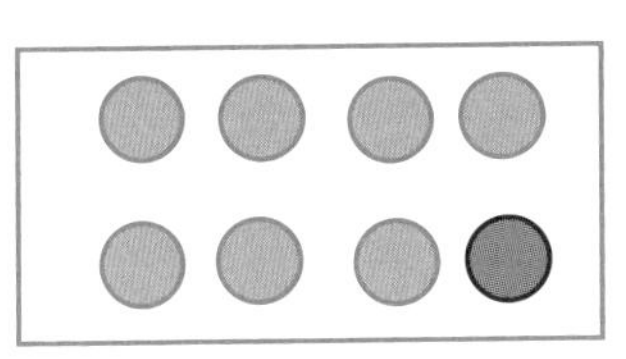

メガネをかけている人　メガネをかけていない人

(1) の否定は「この教室にいるすべての人はメガネをかけていない」とはならない、のは大丈夫だったでしょうか？「すべての人がメガネをかけている」といわれたときの反論は、「全員メガネをかけていません」ではなく、例えば「○○さんはメガネをかけていません」となりますね。「すべて」を否定するには、1つでも例外を挙げればいい訳です。

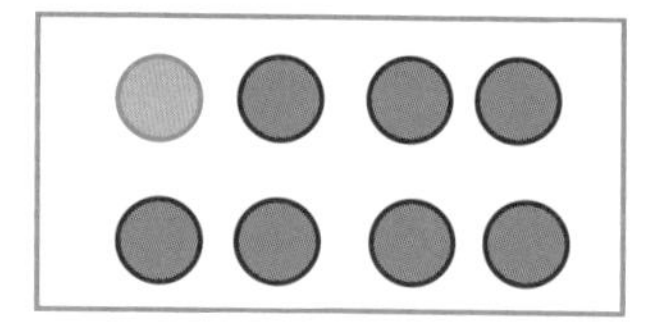

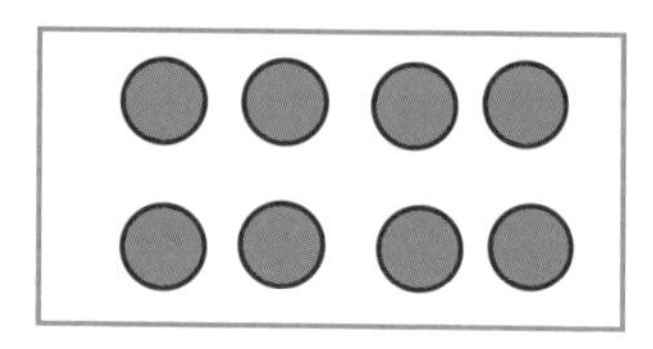

メガネをかけている人　メガネをかけていない人

(2)はどうだったでしょうか？　「ある人は」といういい方はあまり馴染みがないかもしれません。これは教室の中の誰か1人を指定したら、その「ある人」はメガネをかけている、ということです。つまり、この命題は「この教室にはメガネをかけている人が（少なくとも1人）存在している」と言い換えられます。

すると、この命題の否定は、「この教室にいる人は全員メガネをかけていません」となります。

(1)は**全称命題**の否定、(2)は**特称命題**の否定となっています。この例でわかるように全称命題の否定は特称命題の形で、特称命題の否定は全称命題の形で記述されることになります。「すべて」の否定は「ある」の形で、「ある」の否定は「すべて」の形で述べられるということです。これを**限定命題におけるド・モルガンの法則**といいます。

なお、特称命題「あるxについてpである」は「pであるxが存在する」という**存在命題**に言い換えることができますので次のようにも記述できます。

「すべてのxについてpである」のではない⇔「pでないxが存在する」
「pであるxが存在する」のではない⇔「すべてのxについて、pでない」

記号⇔は、左右の命題の真偽が一致することを表します。

●解いてみよう！2

次の命題の否定を作りましょう。また作った命題の真偽を判定しましょう。

(1) すべての実数xについて、$x^2>0$である。

(2) ある実数xについて、$x^2+x+1<0$である。

(3) 任意の実数xについて、$x<-1$が成立する。

(4) ある自然数m,nについて、$3m+2n=6$が成立する。　(答えは以下へ)

●解いてみよう！の解答・解説

●(解いてみよう！1)

「凶器がAのポケットに入っていて(p)も、彼が犯人でない(qでない)ことがある」(誰かが凶器をAのポケットに入れた可能性がある)

●(解いてみよう！2)

(1) ある実数xについて、$x^2\leq 0$である。　正しい($x=0$が存在)

(2) すべての実数xについて、$x^2+x+1\geq 0$である。

正しい($x^2+x+1=\left(x+\frac{1}{2}\right)^2+\frac{3}{4}\geq 0$となる)

(3) ある実数xについて、$x\geq -1$が成立する。　正しい($x\geq -1$であるxは存在する)

(4) すべての自然数m,nについて、$3m+2n\neq 6$が成立する。　正しい

($m=1,n=1$のとき$3m+2n=5\neq 6$

$m\geq 2$のとき、$3m+2n\geq 6+2=8$

$n\geq 2$のとき、$3m+2n\geq 3+4=7$

よって、すべての自然数m,nについて、$3m+2n\neq 6$)

●限定命題におけるド・モルガンの法則

「すべてのxについてpである」のではない⇔「あるxについて、pでない」

「あるxについてpである」のではない⇔「すべてのxについて、pでない」

$(a+b)^3$はa^3+b^3にならないの？

立方体の分解による公式の説明

この節では高校数学で使われる文字式の扱いの基本を確認します。他の章での式変形の仕方でわからないことがあった場合には、この節に戻って確認してください。ここでの大切な見方は「ある文字に着目して降べきの順に整理すること」そして「係数に着目する」ことです。

文字式の展開

まずは中学範囲の文字式の扱いの確認です。**分配法則** $(a+b)c=ac+bc$*を繰り返し使うことで、例えば、

$$(x+2)(x+3)=(x+2)x+(x+2)\times 3=x^2+2x+3x+6=x^2+5x+6$$

のように括弧を外して整理することを**展開**といいます。$x^2, 5x, 6$のように＋で繋がれた部分は**項**といいます。各項において文字がいくつかけられているかをその項の**次数**といいます（$x^2=x\times x$より、この項の次数は2、$5x=5\times x$より、この項の次数は1）。文字を含んでいない最後の項（6）は**定数項**といいますが、次数が0の項とも考えられます。また、項において文字にかけられている数字の部分を**係数**といいます（$5x$の係数は5。x^2の係数は1です）。途中で現れる$2x$、$3x$は同じ文字を含んでいるので**同類項**といいますが、同類項は$2x+3x=5x$としてまとめます。このときの変形にも分配法則が使われています。$2x+3x=(2+3)x=5x$そして、x^2+5x+6のように同類項をまとめた上で項を次数の高い方から低い方の順に並べることを**降べきの順に整理する**といいます。降べきの「べき」は「冪」で「掛け算を繰り返す」の意味です。

$$\begin{aligned}(3a+2b)(a+4b)&=(3a+2b)\times a+(3a+2b)\times(4b)\\&=3a^2+2ab+12ab+8b^2=3a^2+14ab+8b^2\end{aligned}$$

文字が２種類以上含まれている式の場合、ある文字について降べきの順に整理することが一般的です。この式では文字aについて整理しています（aの次数

＊ $(a+b)c=ab+bc$は$(a+b)\times c=a\times b+b\times c$の意味です。×（かける）の記号は原則として省略します。

が$2\to1\to0$)。このとき項は順にa^2, ab, b^2となりますからその係数3,14,8だけがわかれば展開した結果がわかることになります。

このような見方のもと、よく出てくる式の展開をまとめたものが**乗法公式**と呼ばれるものです。ある文字について降べきの順に整理し、その係数に注目していることを理解しましょう。

乗法公式Ⅰ(中学範囲)

1) $(a+b)^2=a^2+2ab+b^2$
2) $(a-b)^2=a^2-2ab+b^2$
3) $(a+b)(a-b)=a^2-b^2$
4) $(x+a)(x+b)=x^2+(a+b)x+ab$

4)はxについて降べきの順に整理していますので、a, bは「数扱い」となっています。これらは分配法則を用いて確認できますが、次のような図を見ることでも理解できます。

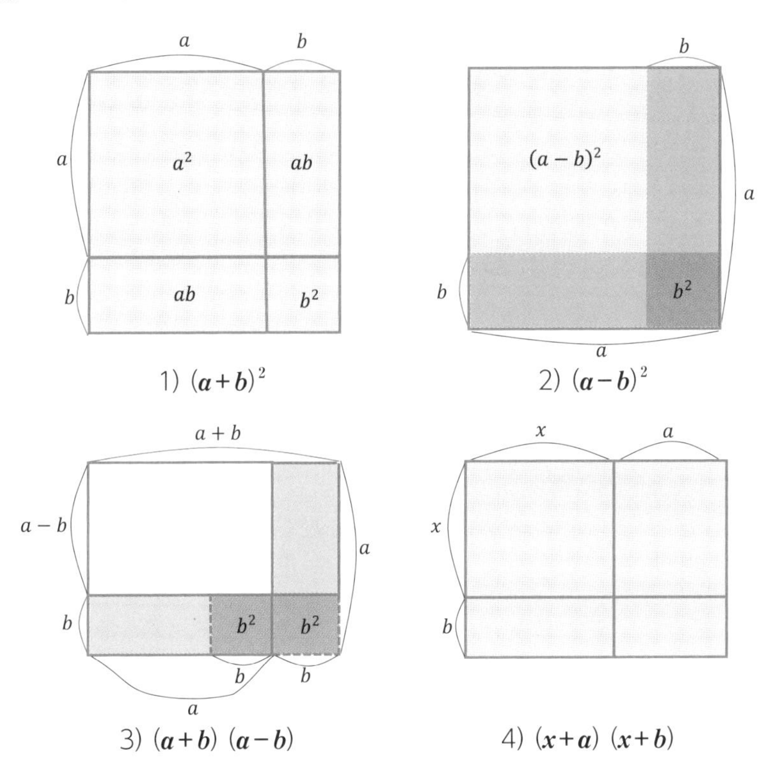

1) $(a+b)^2$　2) $(a-b)^2$　3) $(a+b)(a-b)$　4) $(x+a)(x+b)$

$(a+b)^3$はa^3+b^{3}になるのか？

$(a+b)^3$は、なんとなく、それぞれに3乗をくっつけてしまえばよいようにも思えますが、実際に文字に数を代入して考えれば、そうはならないことは明らかです（例：$(1+2)^3=3^3=27$、$1^3+2^3=1+8=9$）。また、「$(a+b)^2$がa^2+b^2にはならないのだから、そうはならないだろう」のように類推できることも大切です。ですが、なかなか文字ばかりになると直感的につかめないのでここが壁になります。

まずは乗法公式Ⅰと分配法則を利用して確認しましょう。

$$\begin{aligned}
(a+b)^3 &= (a+b)\times(a+b)^2 = (a+b)\times(a^2+2ab+b^2) \quad \text{（乗法公式Ⅰの利用）}\\
&= (a+b)\times A \quad \text{（}a^2+2ab+b^2=A\text{とおいた）}\\
&= a\times A+b\times A \quad \text{（分配法則）}\\
&= a\times(a^2+2ab+b^2)+b\times(a^2+2ab+b^2) \quad \text{（}A\text{を元に戻した）}\\
&= a^3+2a^2b+ab^2 \quad \text{（}a\times(a^2+2ab+b^2)\text{で分配法則）}\\
&\quad\ +a^2b+2ab^2+b^3 \quad \text{（}b\times(a^2+2ab+b^2)\text{で分配法則）}\\
&= a^3+3a^2b+3ab^2+b^3 \quad \text{（同類項をまとめた）}
\end{aligned}$$

まず$(a+b)^3$は$(a+b)$を3回かけるのだから、$(a+b)^2$にもう1回$(a+b)$をかければいいですね。ここで$(a+b)^2$を乗法公式Ⅰで$a^2+2ab+b^2$として整理したことを使います（数学はこのように以前の知識を整理して、それを利用して知識を積み上げていく、ということを理解しましょう）。

そしてこの$a^2+2ab+b^2$を**別の文字Aで置き換える**ところが次のポイントです*。このようにある部分を「ひとかたまり」と見て文字で置き換えることで、複雑な処理を可能にしていくことは数学の大事な技術です。すると、再び分配法則が使えますので、以上のような結果が得られます。

ではこれを**図形的に考える**とどうなるでしょうか？　2乗に関する公式は面積で考えました。3乗となると体積を考えることになります。

*使う文字は何でも（例えばAでもBでもMでもXでも）構いません。ただ通常このようにある「ひとかたまり」を文字で置くときは大文字を使うことが多いです。

練習問題

練習問題1

下の図を用いて公式を説明してみましょう。

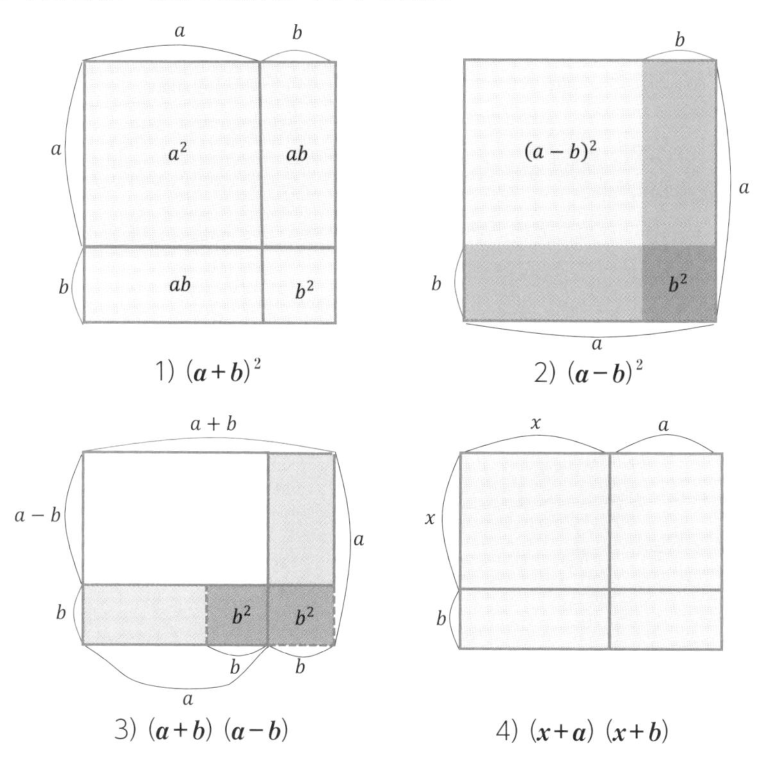

1) $(a+b)^2$　2) $(a-b)^2$

3) $(a+b)(a-b)$　4) $(x+a)(x+b)$

練習問題2

上のような図による説明では公式の説明としては不十分です。なぜでしょうか？

練習問題3

乗法公式Ⅰを用いて次の式を展開しましょう。

● **乗法公式Ⅰ（中学範囲）**

1) $(a+b)^2=a^2+2ab+b^2$

2) $(a-b)^2=a^2-2ab+b^2$

3) $(a+b)(a-b)=a^2-b^2$

4) $(x+a)(x+b)=x^2+(a+b)x+ab$

(1) $(2x+y)^2$

(2) $(4a-3b)^2$

(3) $(3x-y)(3x+y)$

(4) $(y+4)(y-2)$

(5) $(2x+y-1)(2x+y+1)$

(6) $(2a+b-3)(2a+b+4)$

● **練習問題4**

次の図を見て、$(a+b)^3=a^3+3a^2b+3ab^2+b^3$となることを確認しましょう。

1辺が$a+b$の立方体をバラバラにしてみると…

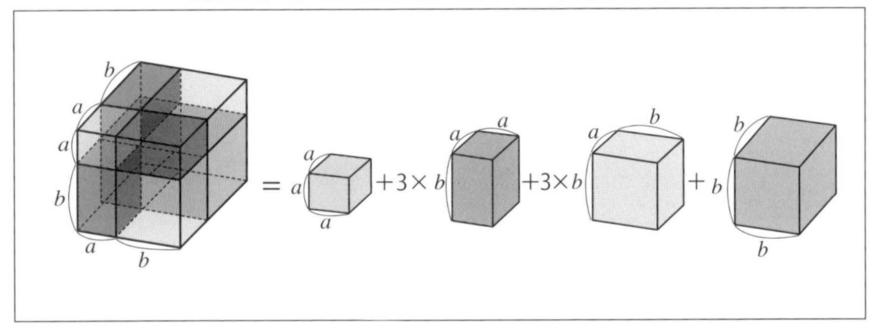

同様にして乗法公式Ⅰと分配法則を利用することで次のような公式が得られます。これらの公式を今後活用していきます。

● **乗法公式Ⅱ**

1) $(a+b)^3=a^3+3a^2b+3ab^2+b^3$

2) $(a-b)^3=a^3-3a^2b+3ab^2-b^3$

3) $(a+b)(a^2-ab+b^2)=a^3+b^3$

4) $(a-b)(a^2+ab+b^2)=a^3-b^3$

解答・解説

(練習問題1)

1) 1辺が$a+b$である正方形の面積$(a+b)^2$が、面積a^2, b^2の正方形と面積abの長方形2つの和として表されている。

2) 1辺がaである正方形の面積a^2からグレーの面積abの長方形2つを取り除くと重なった部分(面積b^2の正方形)を引き過ぎているので、その分を加えると、1辺が$a-b$である正方形の面積$(a-b)^2$となっている。

3) 1辺がaである正方形の横をb延ばし、縦をb縮めると面積が$(a+b)(a-b)$の長方形となる。この長方形の右側のグレーの部分(横がb、縦が$a-b$)を下側につけると、面積が$(a+b)(a-b)$の長方形の面積は1辺がaである正方形の面積から1辺がbである正方形の面積を除いたものと等しい。

4) 横が$x+a$、縦が$x+b$の長方形の面積は、面積x^2の正方形、面積ax, bx, abの長方形の和となる。このうち面積ax, bxの長方形の面積の和は$(a+b)x$。

(練習問題2)

a, b, xなどが負の数の場合は説明できません。ですから、本来は分配法則などを用いて説明する必要があります。しかし、$(a+b)^2$がa^2+b^2にはならないことを直感的に理解するにはこのような図は有効でしょう。

(練習問題3)

(1) $(2x+y)^2=(2x)^2+2(2x)y+y^2=4x^2+4xy+y^2$(公式1の$a$が$2x$に置き換わるので$a^2$は$(2x)^2=2x\times 2x=4x^2$です。これを$2x^2$($=2\times x\times x$のこと)とする間違いが多いです。

(2) $(4a-3b)^2=(4a)^2-2(4a)(3b)+(3b)^2=16a^2-24ab+9b^2$

公式2のaを$4a$,bを$3b$で置き換えます。このとき「$a=4a$っておかしい」と思いがちです。実は、初めのaは公式の中での「場所」を表すaで、後ろの$4a$は「実際に中に入れるもの」を表していて、2つのaの意味は違っているのです。

(3) $(3x-y)(3x+y)=(3x)^2-y^2=9x^2-y^2$(公式3の利用)

(4) $(y+4)(y-2)=y^2+\{4+(-2)\}y+4\times(-2)=y^2+2y-8$

公式4でxの所をy、aの所を4、bの所を-2で置き換えたもの。文字には負の値も入ることに注意します。

(5) $(2x+y-1)(2x+y+1)=(A-1)(A+1)$（$2x+y$ を A で置き換えた）

$=A^2-1=(2x+y)^2-1=4x^2+4xy+y^2-1$

このように、式の中のある部分を「ひとかたまり」とみて別の文字で置き換えることにより、乗法公式を利用できるようにする見方は複雑な計算をする際にとても大切な方法になります。

(6) $(2a+b-3)(2a+b+4)=(A-3)(A+4)$（$2a+b$ を A で置き換えた）

$=A^2+(-3+4)A+(-3)\times 4=A^2+A-12=(2a+b)^2+(2a+b)-12$

$=4a^2+4ab+b^2+2a+b-12$（公式４の利用）

● **（練習問題４）**

１辺が $a+b$ の立方体の体積は $(a+b)^3$ で表されます。これが、１辺が a の立方体（体積 a^3）、縦横が a 高さが b の直方体（体積 a^2b）３つ縦が a、横と高さが b の直方体（体積 ab^2）３つと１辺が b の立方体（体積 b^3）の立方体からできていることがわかるので、$(a+b)^3=a^3+3a^2b+3ab^2+b^3$ が成り立っています。もちろんこれは a,b が正のときについての説明ですが、$(a+b)^3$ が a^3+b^3 にはならないことは示せています。

粗い幾何学

数学においては、「ある面では違っても、ある面で同じように扱うことができる」のなら同一視の対象となります。「整数全体の集合」と「実数全体の集合」はまったく違うものですが、**粗幾何学**（そきかがく）という分野では同じものとみなされます。

整数は穴だらけ　　　　実数は詰まっている

整数を並べても実数直線のように「詰まった」線は描けません。１と２の間や２と３の間のように、そこかしこに穴が空いています。しかし、この直線をとても遠くから見てみるとどうでしょう。一定以上大きいスケールでは、幅１の穴など無視できるほど小さいものとして扱えます。このような「粗い」同一視もできてしまうくらい、数学は自由にやってよいのです。

関数って何？

対応と写像

関数は数学の中で特に重要な概念です。「数」や「変数」や「集合」といったややこしい数学的概念が出てきましたが、それらのようなひとつひとつの対象たちだけでは数学はできません。数学というのは、ものとものとの関係を考える学問ともいえます。そのために必要となるのが、ものとものとを繋ぐ「関数」です。

ものとものとの対応

関数は、だいたいの場合、ある数をある数に対応させる写像のことをいいます。これだけでは何のことだかわかりませんよね。ここでいう「対応」とか「写像」というのは、日常生活での使い方と少し違います。言葉の定義を、順番に追っていきましょう。

対応とは、ふたつのものの組たちのことです。いちばん身近な対応は、おそらく「大小関係」でしょう。≤という関係は$1 \leq 2$だったり$1 \leq 3$だったりで成り立ちます。「1と2」や「1と3」といった大小の向きが正しい数の組（「2と1」は大小の向きが逆なので≤ではなく≥についての組です）たちは数えきれないほど存在しますが、大小関係とはそれらすべての組を記号≤（もしくは逆向きの≥やイコールを除いた＜や＞）へ集約したものと考えることもできるわけです。

図1

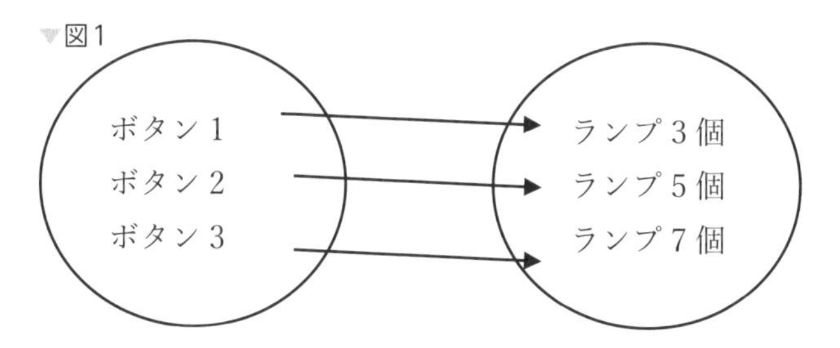

用語のおさらい

対応　ふたつのものの組たち。
写像　あるものを決めると対応先のものが決まるような関係。
関数　ある数をある数に対応させる写像。

次に**写像**について説明します。大小関係のような対応は、1という数に対して「1と2」でも「1と3」でもとにかく1以上のものとの組がいくらでも挙げられましたが、それでは困ることもあるのです。例えば、あなたの目の前に「押すとランプがいくつか光るボタン」が3つあったとします。これを押して、遠く離れた人に合図を送ることを考えましょう。「ボタン1」「ボタン2」「ボタン3」のそれぞれが「押したらいくつのランプが光るか」が明確にわかっていなければ、相手に正しい合図が送れたかどうかがわかりません。押すたびに光るボタンの数が変わったりしても困ります。1番のボタンを押せばランプが3つ光る、といったように、押すボタンが決まれば光るランプの数も決まってほしいわけです。この「ボタンの番号」と「光るランプの数」の対応(図1)のように、あるものを決めると対応先のものが決まるような対応を写像といいます。

関数とはなにか?

関数の話に戻りましょう。最初に述べたように、関数とは「**あるものを決めると対応先のものが決まるような対応**」のうち、数を扱うようなもののことです。本によっては写像と同じ意味で使われることもありますが、だいたいの場合は「数を扱う写像」を関数と呼んでいると思ってかまいません。

例えば、ある数を選ぶと「それを2倍したのちに1を足した数」はひとつに定まります。1を選べば、必ず$2\times1+1=3$が対応します。よって、この対応は関数となります。「1に3が対応する」ことを記号fを用いて

$$f(1)=3$$

と書くことにすると、これを一般化して「関数fによって数xに$2x+1$が対応する」ことを

$$f(x)=2x+1$$

と表現できます。逆に、こう書いてあるのを見れば「fは数を2倍したのちに1を足す関数」と一目でわかります。以後、関数が出てきたらこんなふうに

$$f(x)=x^3+2x^2$$
$$f(x)=6x+3$$

と数と数の対応のしかたを書き表すことにします。

関数が扱う数の範囲

定義域と値域

数と数を対応させるとは、どういうことなのでしょうか？　3節で学んだ「集合」を用いて、もう少し細かく定義してみましょう。ある関数を考えたとき、その関数によって対応させることのできる数がある一方で、その関数では対応させられない数もあります。また、問題設定によってはなににも対応させたくない数がある場合もあります。このことを集合で表してみましょう。

なにかを入れるとなにかが出てくる

前節で例に挙げた「数を2倍したのちに1を足す」関数

$$f(x) = 2x + 1$$

をもう一度見てみましょう。これは「fによってxに$2x+1$が対応する」ことを表しますが、「装置fにxを入れると$2x+1$が出てくる」とも解釈することができます。目の前に何か複雑な装置があって、左の穴から何かを入れると右の穴から何かがぴょこっと飛び出してくるのをイメージしてみてください。飛び出してくるものは、とても高価なものだったり、使えないがらくただったりします。いまのあなたの仕事はこの装置にいろいろなものを入れてみて、右の穴からできるだけ価値のあるものを出すことです。さて、あなたはこの仕事をこなすために、何を考えるべきでしょうか？

定義域

まずは、「この装置に入れてもいいものはなにか」が気になります。大切な装置にダイナマイトなんかを入れてはいけませんし、$f(x) = \dfrac{1}{x}$という関数に0を入れたりしてはいけません（高校以前の数学で学ぶ通り、「0で割る」ことはうまく定義できません）。$f(x) = \dfrac{1}{x}$には「0未満の数」と「0を超える数」を入れることができます。このような、関数に入れていい数の集合を**定義域**といいます。定義域はわざと狭くして、「1以上の整数全体の集合を定義域とする関数$f(x)=2x+1$」を考えたりしてもかまいません。この場合、関数fに1.5などを入れることは禁じられます。前節の「押すとランプがいくつか光るボタン」のような問題であれば、「1.5番のボタン」なんて考える必要はありませんから。

値域

次に、「この装置から出てくるものはなにか」も知っておきたいところです。「押すとランプがいくつか光るボタン」の場合は、1以上の整数個のランプが光ることしか想定する必要がありません。0.5個のランプとか、−2個のランプなんて存在しませんよね。もっと正確に見積もれば、xが1以上の整数であれば$2x+1$は「3以上の奇数」にしかなりません。このような、関数から出てくる数の集合を**値域**（ちいき）といいます。関数が出力する数のことを関数の**値**（あたい）と呼ぶことと関連づけて覚えましょう。

「押すとランプがいくつか光るボタン」の定義域は「1以上の整数全体の集合」つまり

$$\{1, 2, 3, 4, 5, \cdots\}$$

で、値域は「3以上の奇数全体の集合」つまり

$$\{3, 5, 7, 9, 11, \cdots\}$$

でした。このことを、入力と出力の方向がわかりやすいように矢印を用いて

$$f: \{1, 2, 3, 4, 5, \cdots\} \to \{3, 5, 7, 9, 11, \cdots\}$$

と書くことにします。

一般化すると、関数fの定義域が集合Dで値域が集合Rであることは

$$f: D \to R$$

と表現できます。

これで、装置fの使い方がわかりました。あなたは満を持して仕事に取り掛かれるわけですが、Dから選んだ数をひとつひとつ入れて装置から価値のあるものが出てくれるのを待つのは気が遠くなりそうな作業です。なにかいい方法はないのでしょうか？　次の節で考えてみます。

10 どうすれば価値を最大化できる?

単項式と多項式

関数を使うメリットは多くありますが、最も社会に役立てられているのは関数の「最大化」や「最小化」です。商品を高くしすぎると売れなくなりますが、かといって安くしすぎると利益がでません。では、ちょうどよい価格はどのくらいなのでしょうか? そんなときは関数を使って、設定すべき価格を探しましょう。

多項式で表せる関数

$2x$やx^3のように、変数と定数の掛け算で作られるものを**単項式**といいます。$2x$は変数xと定数2を掛けて作られ、x^3は変数xを3つ掛けて作られています。

$2x+1$やx^3+2x^2のように、単項式を足し合わせて作られたものが**多項式**です。

多項式の各項の右肩にある数字のうち最も大きいものをその多項式の**次数**といいます。例えば、多項式x^3+2x^2の次数は3です。xのように、右肩の数字がない変数には右肩に1が乗っているとみなすため、$2x+1$の次数は1です。変数が2種類以上ある場合は、右肩の数を足し合わせて考えます。多項式$x^2y^4+4x^3y$の次数は6となります。

これまでに挙げた関数はすべて「$f(x)$ = 多項式」となるようなものでした。次節からはそれ以外の関数も出てきますが、高校数学全体を通して基礎となる「多項式で表せる関数」について理解することが、各単元を理解するためには重要となります。

次数がnの多項式で表せる関数を**n次関数**といいます。$f(x)=2x+1$は1次関数、$f(x)=x^3+2x^2$は3次関数です。

2次関数を考える意味

以降、この節では次数が2の場合（図1右）を主に考えます。1次関数では入力が増えると出力も増え続ける（図1左）か、あるいは$f(x) = -x+3$のように係数がマイナスの場合は減り続けます。対して、2次関数は入力が増えると出力は一度減った後に増えています。次数2の項の係数がマイナスの場合は逆に、入力が増えると出力は一度増えた後に減っていきます。1次関数は増え続けるか減り続けるかしかないので「最大」の値や「最小」の値はありませんが、2次以上だと関数の値は増えたり減ったりするので、**最大値**や**最小値**を考える意味が生まれます。そのため、最大化もしくは最小化したいものをうまく2次関数で表すことができれば、欲しかった最大値や最小値が得られる可能性があるのです。

▼図1左　▼図1右

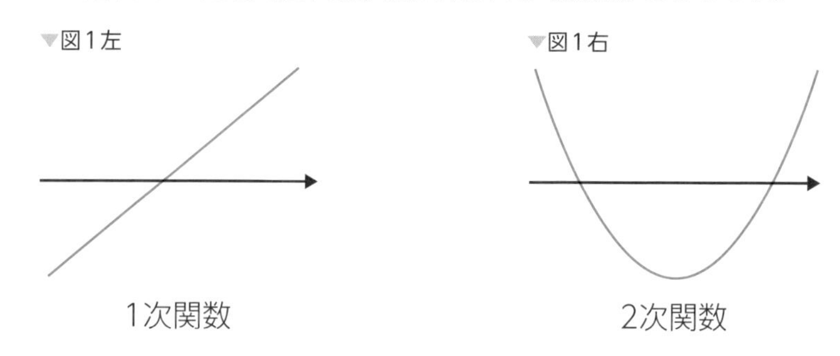

関数で表そう

前置きが長くなりましたが、前節で用意した装置について再度考えてみましょう。装置になにかを入れてできるだけ価値のあるものを出したい場合、装置のしくみを知る必要があります。

その装置が1次関数で表されるようなものだった場合、いくらでも価値のあるものが取り出せるため、とにかく極端な数を入れてやればいいということになります。装置が$f(x) = 2x+1$で表されるようなしくみで動いていたならば、$x=10000000$でも入れてやればよいわけです。もっと大きい数を入れられるのであれば、どんどん大きい数を入れてしまいましょう。

しかし、装置が$f(x) = -x^2+2x+1$のような2次関数で表される場合はそんな単純な話にはなりません。この装置は$x=1$のとき最大値2となります。欲張って$x=3$なんて入れてしまうと、出力は$f(3) = -3^2+2\times 3+1=-2$と小さくなってしまいます。この$x=1$はどうやって見つけ出したのか、後程解説します。

11 方程式と関数の関係

関数と方程式

「関数」が中学校で学ぶ「方程式」と似た概念であると思った人もいるかもしれません。いずれも、変数と等号を用いて定義されるものです。方程式と関数は異なる概念ですが、互いに密接に関係してもいます。関数のふるまいを知るには方程式が使えますし、逆に方程式からは関数が得られます。関数あるところに方程式あり、方程式あるところに関数あり、なのです。

方程式

2次関数を最大化あるいは最小化する方法を知るために、いくつか覚えておくべき基本的な概念を見ていきましょう。数学をやるうえで最も頻繁に見るであろう**等号** = は、実は2つの意味で用いられています。1つめは、$1+1=2$のように = の左側にあるものと右側にあるものが等しいことを示す使い方です。小学校からの、お馴染みの使用法ですね。この意味での = を用いた式をとくに**等式**と呼びます。2つめは、関数fの入出力を示す$f(x)=2x+1$のように = の左側にあるものを右側にあるもので定義する使い方です。この式は別に$f(x)$と$2x+1$が等しいということがいいたいのではなく（結果的に等しくはなるのですが）、「$f(x)$と書いたら$2x+1$のことを指しますよ」という宣言がしたいのです。こう宣言しておくことで、この式を利用して変数xに具体的な数（例えば3）を入れたときに$f(3)=7$という等式を導くことができるのです。

$1+1=2$のような等式は明らかに成り立ちますが、$x+y=2$であればどうでしょう。xとyはなんらかの整数です。例えば$x=1$かつ$y=1$であれば等式$x+y=2$は成り立ちますが、$x=3$かつ$y=-6$であれば成り立ちません。この等式は「成り立つか成り立たないか」ではなく「成り立ったり成り立たなかったりする」のです。こんなことが起こるのは、xとかyのような未知の数が等式に含まれているせいです。成り立ったり成り立たなかったりする、未知の数を含んだ等式のことを**方程式**といいます。$y=2x+1$という等式は、未知の数xとyを含んだ方程式です。方程式を成り立たせるような未知の数の値を方程式の**解**といいます。

関数との関係

関数は数を入力すると対応する数が出力されるような装置でした。勘違いされがちですが、$f(x)=2x+1$と書かれているとき、この$f(x)=2x+1$という式はあくまでも「=の左側にあるものは右側にあるもののことを指しますよ」という宣言であって、関数ではありません。関数とは、xに$2x+1$を対応させる装置fのことです。本書でもよく「関数$f(x)=2x+1$」というふうな書き方をしますが、これは「$f(x)=2x+1$という関数」ではなく、「xを入力すると$2x+1$が出力される関数f」という意味です。ここを間違えると、方程式と関数を混同してしまうので要注意です。

しかし、方程式と関数はまったく関係がないというわけでもありません。関数$f(x)=2x+1$の値が11となるようなxを知りたいとします。これは、等式$2x+1=11$を成り立たせるようなx、すなわち方程式$2x+1=11$の解を見つけたいという問題と同じことです。逆に、方程式$y=2x+1$の未知の数の一方xだけをまず決めてしまったときにyがどのような値になるかが知りたいとします。このとき、xに対するyの値は関数$f(x)=2x+1$の値に等しくなります。つまり、方程式とは「関数の出力を指定したときに得られる等式」であり、関数とは「方程式の中のある未知の数と他の未知の数との対応」なのです。

関数の方程式？

方程式は「未知の数を含む等式」であると紹介しましたが、じつは数でない「未知のもの」についても方程式を考えることができます。大学入試では、たまに「未知の関数を含む等式」についての問題が出題されます。例えば、方程式

$$f(x+y)=f(x)+f(y)$$

を満たすような関数fを考えよ、というふうな問題です。この解の一例は、$f(x)=ax$（aは任意の実数）となります。実際、$f(x)=3x$に対し

$$f(1+2)=3\times(1+2)=9=3\times1+3\times2=f(1)+f(2)$$

が成り立ちます。係数aを変えたり、x,yに他の好きな数を入れたりしても成り立つことを確認してみてください。

12 平方完成

2次関数の頂点

前節では、方程式が「関数の出力を指定したときに得られる等式」であると説明しました。この「関数の出力」が最大または最小になるときを考えるために、方程式が使えます。方程式を変形して、最大値と最小値が明確にわかるようなものに書き換える必要があります。

2次方程式からわかること

関数$f(x)=-x^2+2x+1$の出力がyであるときに成り立つ2次方程式

$$y=-x^2+2x+1$$

について考えてみましょう。いま、yすなわち左辺が最大になってほしいとします。この時点でわかることは3つあります。まずは、「$-x^2$の項は必ず0以下」ということです。2乗されたものは必ず0以上になりますから、それにマイナスがつくと0以下となります。次に、「1は1」ということがわかります。これは当たり前のことのようですが、定数は変数xをどう動かそうが変わらないのです。3つめは、「$2x$はどんな値も取りうる」ということです。前者ふたつは、yが最大になる状況の手がかりとなりそうです。しかし、3つめの「どんな値も取りうる」という事実が、他ふたつの手がかりを台無しにしてしまいます。1次の項をどうにかしなければ、2次方程式から最大値を得ることはできなさそうです。

平方完成

そこで活躍するのが**平方完成**です。平方完成は、「2次の項と1次の項と定数」を「2次の項と定数」に変形する手法です。$ax^2+bx+c\ (a\neq0)$を平方完成してみましょう。まずは定数以外のまとめられる項をまとめます。

$$a\left(x^2+\frac{b}{a}x\right)+c$$

次に、$(x+A)^2=x^2+2Ax+A^2$を利用するために、2をくくりだします。

$$a\left(x^2+2\frac{b}{2a}x\right)+c$$

$A=\dfrac{b}{2a}$と考えれば、先ほどの展開式を利用して

$$x^2+2\frac{b}{2a}x=x^2+2\frac{b}{2a}x+\left(\frac{b}{2a}\right)^2-\left(\frac{b}{2a}\right)^2=\left(x+\frac{b}{2a}\right)^2-\left(\frac{b}{2a}\right)^2$$

とまとめることができます。以上をまとめると、

$$ax^2+bx+c=a\left(\left(x+\frac{b}{2a}\right)^2-\frac{b^2}{4a^2}\right)+c=a\left(x+\frac{b}{2a}\right)^2-\frac{b^2}{4a}+c$$

と変形できることがわかります。これで平方完成ができました。
$y=-x^2+2x+1$に当てはめてみると、

$$y=-x^2+2x+1=-(x-1)^2+2$$

と変形できます。$-(x-1)^2$は0以下なので、この項が0となってくれればyは最大値2を取ることがわかりますし、それが$x=1$のときであることは式の形からただちにわかります。最小化の場合も、同じようにすればどんなときに最小値が得られるかが式の形からわかります。

これで、2次関数の最大化・最小化のやり方がわかりました。もっと複雑な関数の最大化・最小化には「数学3」で学ぶ「微分」が必要となりますが、実は2次関数の最大化・最小化も微分してしまったほうが簡単にできてしまいます。74節「最大になるのはいつ？」で改めてこの関数を最大化してみましょう。

2次関数の頂点

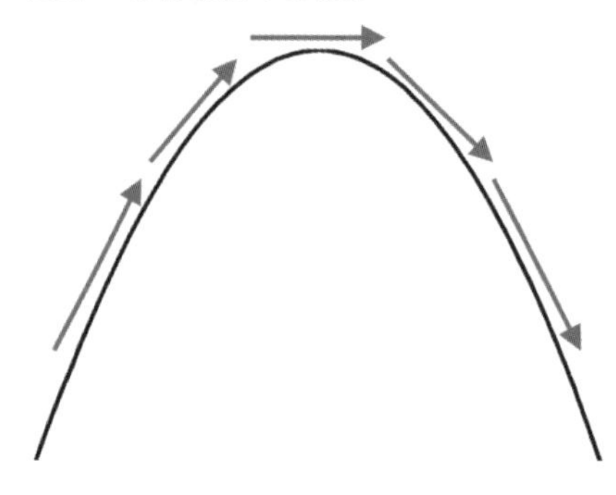

$f(x)=-x^2+2x+1$のように2次の項の係数が負であるような2次関数のグラフは、左図のような山形になり、山頂の値がこの関数の最大値となります。山登りでいちばん楽なのは、おそらく傾斜がついていない山頂でしょう。傾斜のつき具合をうまく数値化できれば、最大値を見つけられそうですね。後に学ぶ微分法では、この「傾斜のつき具合」を比べる方法を考えます。

13 2次方程式の解の公式

不定方程式、解の公式

方程式は関数について知るためにも役立ちますが、最も主要な関心は方程式の解を得ること、すなわち「方程式を解く」ことです。2次方程式については、中学校で「解の公式」を学びます。3次、4次方程式にも解の公式はありますが、長くて複雑なため、解の公式といえば2次方程式の解の公式を指すことがほとんどです。

解ける方程式

方程式$y=2x+1$はいろいろなxとyで成り立ちます。そのため、この方程式を解こうにも、「xはなんでもよくて、yはそのxに対して$2x+1$となるような数」というあまり意味のない結果しか出てきません。このように未知の数が複数含まれている方程式は、基本的に未知の数と同じ数以上の方程式がないと未知の数を含まない形(例えば、「xが3でyが4」というふうに)で解くことができません。このように、解が無数に存在してしまうような方程式を**不定方程式**といいます。しかし、もうひとつの方程式$y=x+3$を組み合わせると、このふたつの方程式を同時に満たす解は「xが2でyが5」とひとつに定まります。

解の公式

2次方程式の解の公式はひとつの2次方程式から解を得るための公式です。方程式$ax^2+bx+c=0$ $(a\neq 0)$の解は、存在すれば

$$x=\frac{-b+\sqrt{b^2-4ac}}{2a},\ \frac{-b-\sqrt{b^2-4ac}}{2a}$$

のふたつです。n次方程式の解の個数は最大でn個あるため、2次方程式の解も最大2個あります。

この根号$\sqrt{\ }$の中の$D=b^2-4ac$を**判別式**と呼ぶのですが、解の個数は判別式の値からわかります。$D=0$であれば、ふたつの解は一致するので解はひとつです。この解を**重解**といいます。$D>0$であればふたつの解は異なる数となるため、解はふたつです。$D<0$の場合は根号の中身がマイナスになってしまうため、実数の範囲では「解なし」となります。ただし、「数学2」で学ぶ「虚数」という概念を導入すれば、「虚数解がある」とみなすこともできます。

5次方程式の解の公式はあるの？

3次方程式と4次方程式にも解の公式はありますが、紙面におさめるにはちょっと長すぎるので、もしご興味があればぜひカルダノの公式（3次方程式の解の公式）やフェラーリの公式（4次方程式の解の公式）で調べてみてください。では、その先の5次方程式の解の公式はあるのでしょうか？　実は解の公式自体は作ることができるのですが、2次方程式の解の公式のような「四則演算と根号で表現できる形の」解の公式は存在しないことが知られています。四則演算と根号から解を得る方法は代数的解法と呼ばれます。数学の長い歴史の中では意外にも最近のことですが、1824年に「5次以上の方程式には代数的解法がない」ことを主張するアーベル・ルフィニの定理が発表されました。

用語のおさらい

不定方程式　解が無数に存在してしまうような方程式。

判別式　2次方程式の解の公式の根号の中身$D=b^2-4ac$のこと。

重解　2次方程式の解がひとつの場合の解。

14 2次不等式の解法

2次関数を利用して不等式を解く

未知の数と等号を用いた方程式があるなら、同じように未知の数と不等号を用いた不等式も当然あります。方程式だけでもここまでにややこしい話が多かったので、不等式なんて考えればもっとややこしいことになるんじゃないか、と身構えてしまうかもしれませんが、不等式を解くには方程式を解くための方法を少し応用してやるだけで十分です。

未知の数を含んだ不等式

等式は「等号 = で左辺と右辺が等しいことを表す式」であり、不等式は「不等号 <, >, ≤, ≥ で左辺と右辺の大小関係を表す式」でした。未知の数を含んだ等式を方程式と呼びましたが、未知の数を含んだ不等式には特別な呼称はなく、たんに**不等式**と呼ぶようです。

2次不等式の解法

この節では、2次不等式について考えてみましょう。2次不等式は、例えば

$$ax^2+bx+c>0\ (a>0)$$

のような形で表されます。この不等式が指し示す領域を図で表すと、以下のようになります。

▼図1

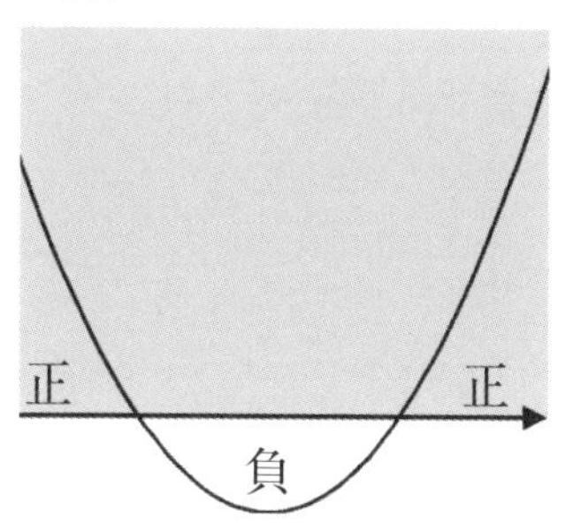

関数 $f(x)=ax^2+bx+c\ (a>0)$
の値が正となるような領域
(xの範囲)

このような2次不等式を解くには、まず「関数$f(x)=ax^2+bx+c$の値が0となるようなx」を探す必要があります。図1を見てみると、関数fの値はまずグラフがx軸と交わるまでは正であり、x軸と交わってから再度x軸と交わるまで負となり、その後はずっと正となることがわかります。よって、グラフがx軸と交わる点すなわち方程式

$$ax^2+bx+c=0$$

の解がわかれば、その前後の範囲がこの2次不等式の解となります。例として

$$x^2+5x+6>0$$

を解いてみましょう。$x^2+5x+6=(x+2)(x+3)$と変形できるため、2次方程式$x^2+5x+6=0$の解は$x=-2$と$x=-3$となります。(図2)

▼図2

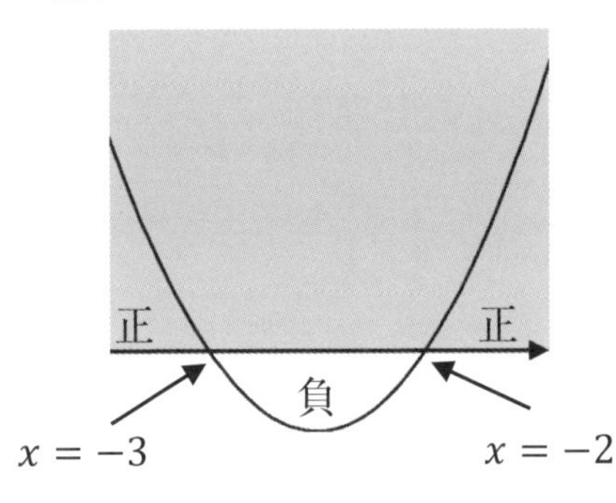

関数$f(x)=x^2+5x+6$の値は$x=-3$までは正であり、そこから$x=-2$まで負となり、また正に戻ります。よって、2次不等式$x^2+5x+6>0$の解は$x<-3$および$x>-2$となるわけです。不等号の向きが逆の$x^2+5x+6<0$という不等式であれば、解は$-3<x<-2$となります。

不等式中に現れる2次関数の2次の項の係数が負である場合、すなわち

$$ax^2+bx+c>0\ (a<0)$$

のような2次不等式は

▼図3

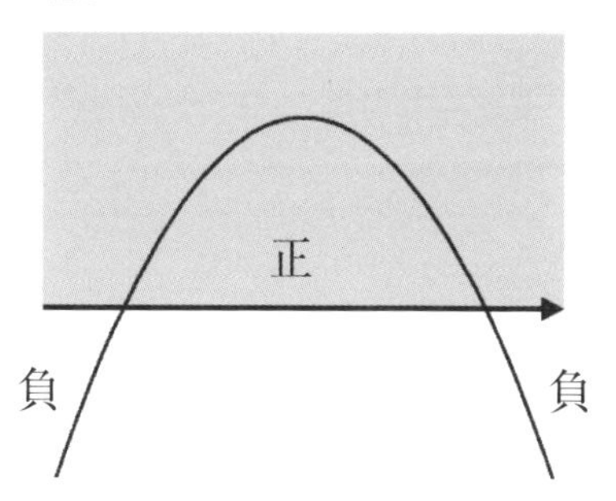

関数 $f(x) = ax^2 + bx + c\ (a < 0)$ の値が正となるような領域（xの範囲）

図3のようにグラフの上下が変わるため、例えば不等式$-x^2-5x-6>0$の解は$x=-3$と$x=-2$の間の$-3<x<-2$となります。

不等式制約問題

関数の出力を最大化・最小化する際に、不等式による条件をつけることがあります。工場でそれぞれ100円、200円、300円の利益を生む3種類の部品を製造したときの総利益を最大化することを考えてみましょう。この問題で最大化すべき関数は

$$f(x_1, x_2, x_3) = 100x_1 + 200x_2 + 300x_3$$

です。ただ最大化するだけなら「300円の利益を生む部品」を際限なく作り続ければよさそうですが、現実はそう簡単ではありません。各部品がそれぞれ少なくとも10個ずつ必要であるという条件$x_1 \geq 10, x_2 \geq 10, x_3 \geq 10$や、部品を作るのに必要な素材を手に入れるためのコストが予算aを超えてはならないという条件$30x_1+40x_2+50x_3 \leq a$を満たす範囲のx_1, x_2, x_3から選ばなければならない、なんてことはよくあります。このように不等式を満たす範囲内での最大化・最小化問題を**不等式制約問題**といいます。

練習問題

乗法公式 I

1) $(a+b)^2=a^2+2ab+b^2$

2) $(a-b)^2=a^2-2ab+b^2$

3) $(a+b)(a-b)=a^2-b^2$

4) $(x+a)(x+b)=x^2+(a+b)x+ab$

乗法公式 II

1) $(a+b)^3=a^3+3a^2b+3ab^2+b^3$

2) $(a-b)^3=a^3-3a^2b+3ab^2-b^3$

3) $(a+b)(a^2-ab+b^2)=a^3+b^3$

4) $(a-b)(a^2+ab+b^2)=a^3-b^3$

練習問題1

乗法公式 II 公式1) の b に $(-b)$ を代入することで公式2) を導きましょう。

練習問題2

乗法公式 I を用い、分配法則を利用して公式3) を導きましょう。また、公式3) から公式4) を導きましょう。

練習問題3

乗法公式 II を用いて次の式を展開しましょう。

(1) $(x+2y)^3$

(2) $(3a-2b)^3$

(3) $(a+2)(a^2-2a+4)$

(4) $(2x-y)(4x^2+2xy+y^2)$

(5) $(x+y)(x-y)(x^2-xy+y^2)(x^2+xy+y^2)$

解答・解説

(練習問題1)

$(a+b)^3=a^3+3a^2b+3ab^2+b^3$において$b$に$(-b)$を代入すると、以下のようになります。前にある$b$は公式中での場所を表す$b$、$(-b)$は実際にその場所に代入するもの。つまり、公式中の$b$と代入する$(-b)$では$b$の意味が違っていることに注意しましょう。

$$\begin{aligned}\{a+(-b)\}^3 &= a^3+3a^2(-b)+3a(-b)^2+(-b)^3 \\ &= a^3-3a^2b+3ab^2-b^3\end{aligned}$$

(練習問題2)

$$\begin{aligned}(a+b)\left(a^2-ab+b^2\right) &= (a+b)A \ (a^2-ab+b^2=A\text{とおいた}) \\ &= aA+bA=a\left(a^2-ab+b^2\right)+b\left(a^2-ab+b^2\right) \\ &= a^3-a^2b+ab^2 \\ &\qquad +a^2b-ab^2+b^3 \\ &= a^3 \qquad\qquad\quad +b^3\end{aligned}$$

公式3のbを$-b$で置き換えて

$$\begin{aligned}&\{a+(-b)\}\left\{a^2-a(-b)+(-b)^2\right\} \\ =&(a-b)(a^2+ab+b^2)\end{aligned}$$

(練習問題3)

(1) $(x+2y)^3=x^3+6x^2y+12xy^2+8y^3$

(2) $(3a-2b)^3=27a^3-54a^2b+36ab^2-8b^3$

(3) $(a+2)(a^2-2a+4)=a^3+8$

(4) $(2x-y)(4x^2+2xy+y^2)=8x^3-y^3$

(5) $(x+y)(x-y)(x^2-xy+y^2)(x^2+xy+y^2)$

$=(x+y)(x^2-xy+y^2)(x-y)(x^2+xy+y^2)=(x^3+y^3)(x^3-y^3)=x^6-y^6$

坂を登るとどれくらい高くなる?

直角三角形におけるsin,cos,tanの定義

三角形を構成する要素は「辺の長さ」と「2辺のなす角の角度」です。中学数学では三平方の定理によってこの「長さ」と「角度」が関係していることが明かされました。「長さ」と「角度」の関係を、**三角比**を使って見てみます。

三平方の定理

まずは、**三平方の定理**を思い出してみます。三平方の定理は直角三角形に関する定理でした。直角三角形の直角をなす2辺の長さをそれぞれa,bとすると、斜辺の長さcとは

$$c^2 = a^2 + b^2$$

という関係が成り立つ、というのが定理の主張です。つまり、斜辺の長さcを求めたければ次のように計算してやればよいのです。

$$c = \sqrt{a^2 + b^2}$$

三角比

上の三角形で、斜辺と底辺がなす角の角度をθ(シータまたはテータ)とします。この角度に対して定まる3つの量を考えます。

$$\sin\theta = \frac{b}{c}$$

$$\cos\theta = \frac{a}{c}$$

$$\tan\theta = \frac{b}{a}$$

上から**サイン**、**コサイン**、**タンジェント**と呼びます。日本語では、**正弦**(せいげん)、**余弦**(よげん)、**正接**(せいせつ)です。これらをまとめて**三角比**といいます。

角度から高さを求める

坂を登ると、歩いている地点の高度はどんどん上がっていきます。傾斜角が大きければ大きいほど、坂に沿って同じ距離を歩いたときの高度が上がることはわかりますが、具体的に何メートル高くなったかを知るにはどうすればよいのでしょうか。三角比を利用すれば、それがわかります。

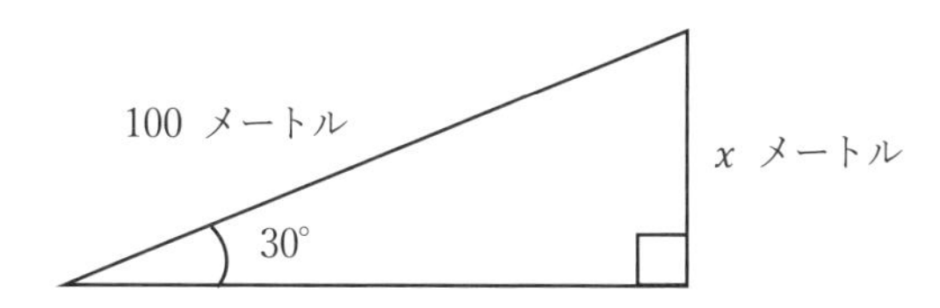

傾斜角が30°の坂を10メートル登ったとき、上がった高度xメートルはサインを用いて

$$\sin 30^\circ = \frac{x}{100}$$

という関係にあると考えられます。図形問題でよく出てくる角度についての三角比の表を以下に掲載しました。これを用いると、

$$\sin 30^\circ = \frac{1}{2} = \frac{x}{100}$$

であることがわかるため、$x = 50$が導かれます。

▼三角比の表

θ	0°	30°	45°	60°
sin	0	$\frac{1}{2}$	$\frac{1}{\sqrt{2}}$	$\frac{\sqrt{3}}{2}$
cos	1	$\frac{\sqrt{3}}{2}$	$\frac{1}{\sqrt{2}}$	$\frac{1}{2}$
tan	0	$\frac{1}{\sqrt{3}}$	1	$\sqrt{3}$

単位円と弧度法

単位円による定義、弧度法

三角比は角度θを入力とした関数です。前節の定義ではθの動く範囲は0°以上90°未満に限られますが、これを拡張してもっと広い角度に対する三角比を定義してみましょう。

単位円を用いた定義

平面上に描かれた「半径1の円」を**単位円**といいます。単位円の中心（平面の原点O）から円周上まで線分を引いてみると、横軸との間に角ができます。さらに、そこから横軸へまっすぐ線分を下ろすと、単位円の中に直角三角形を作ることができます。（図1）

▼図1

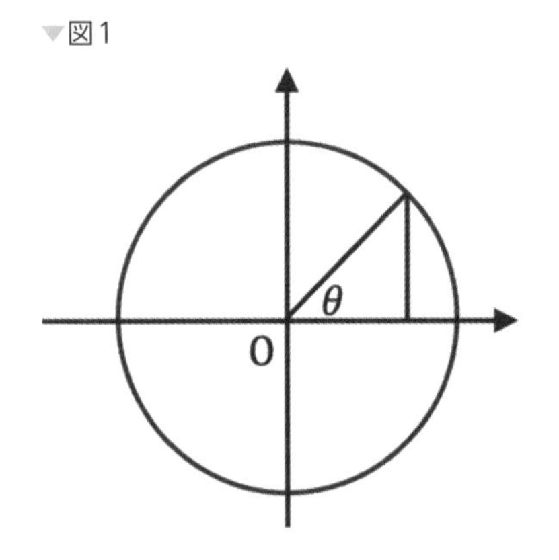

▼図2

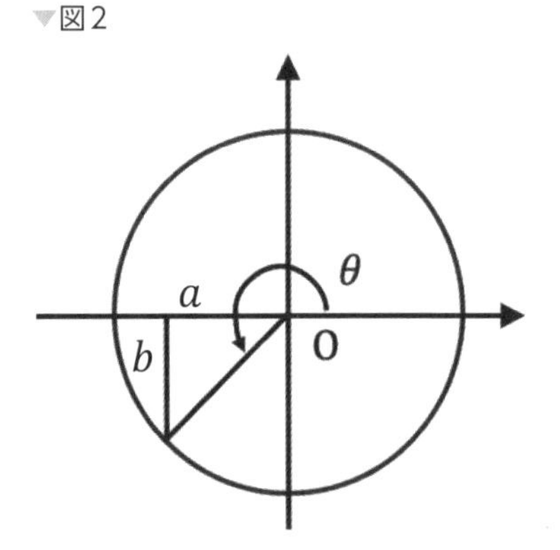

ここでできる角の角度θがなんであれ、この三角形の斜辺の長さは単位円の半径と同じなので、必ず1となります。θが90°を超えてしまっても、図2のように直角三角形を作ることで、三角比が考えられるようになります。

この場合は、θが180°を超えてしまったことで、直角三角形を作るために引いた線が縦にも横にもマイナス方向へ伸びてしまっているため、「底辺が$-a$で高さが$-b$の直角三角形」とみなして三角比を計算します。

$$\sin\theta = \frac{-b}{1} = -b$$

これで、三角比を0°から360°までの角度に対応させることができました。

弧度法

単位円を用いた定義により、三角比は角度を入力として数を出力する関数となりました。しかし、関数はできれば「数」を入力として定義したいものです。「角度」という「数」ではないものを入力とするのは、できる限り避けたいのです。そこで、**弧度法**という方法を用いて三角比を「数を入力して数を出力する」**三角関数**にしてしまいます。

単位円の半径は1だったので、直径は2となります。円周の長さは、円周率π =3.14...を用いて「直径×π」と計算できました。よって、単位円の円周の長さは2πです。角度θを大きくしていくと、「円周と横軸が交わる点」から「円周と直角三角形の頂点が交わる点」までの弧も大きくなっていきます。(図3)

図3

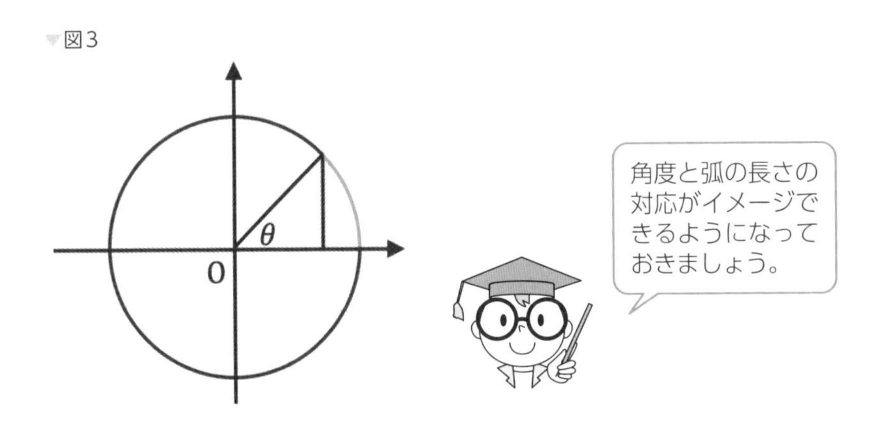

この弧の長さは角度0°で0からスタートし、角度360°で一周して2πになるまで大きくなり続けるため、角度が決まれば弧の長さも決まります。こうして得られる弧の長さのほうを角度のかわりにθとしてしまうのが弧度法です。

三角比同士の関係

三平方の定理を表す関係

サイン、コサイン、タンジェントは同じ三角形から求められるため、互いに依存関係にあります。ひとつの値が決まれば、他の三角比の値にも影響がある、ということです。三角比同士にどのような関係があるのかを見てみましょう。

サインとコサインとタンジェントの関係

直角三角形による三角比の定義では、$\tan\theta$は底辺の長さ$\boldsymbol{a}$と高さ$\boldsymbol{b}$を用いて表現されていました。$\sin\theta$には高さ$\boldsymbol{b}$、$\cos\theta$には底辺の長さ$\boldsymbol{a}$が用いられていたので、サインとコサインをうまく使えばタンジェントが得られそうです。実際、サインをコサインで割ってみると

$$\frac{\sin\theta}{\cos\theta}=\frac{b}{c}\div\frac{a}{c}=\frac{b}{a}=\tan\theta$$

とタンジェントになります。

三平方の定理を表す関係

単位円による三角比の定義に三平方の定理を当てはめてみます。三平方の定理

$$c^2=a^2+b^2$$

の斜辺$\boldsymbol{c}$は単位円の半径1であり

$$a=\frac{a}{1}=\frac{a}{c}=\cos\theta$$

$$b=\frac{b}{1}=\frac{b}{c}=\cos\theta$$

と書き換えられるため、三平方の定理から等式

$$1=\sin^2\theta+\cos^2\theta$$

が得られます。この等式は高校数学のみならず大学数学でも大いに活躍するので、覚えておきましょう。$\sin^n\theta$と$\cos^n\theta$はそれぞれ$(\sin\theta)^n$と$(\cos\theta)^n$の略記です。

この式をさらに変形します。$\cos\theta \neq 0$の場合についてのみ考えることとして、両辺を$\cos^2\theta$で割ると

$$\frac{1}{\cos^2\theta} = \frac{\sin^2\theta}{\cos^2\theta} + 1$$

となります。最初に導いた等式$\dfrac{\sin\theta}{\cos\theta} = \tan\theta$より等式

$$\frac{1}{\cos^2\theta} = \tan^2\theta + 1$$

が得られます。

その他の三角比

ここで紹介した3つ以外にも三角比は定義されています。サイン（正弦）に対してコサイン（余弦）があるように、タンジェント（正接）に対しても**コタンジェント**（**余接**）があります。

$$\cot\theta = \frac{1}{\tan\theta} = \frac{a}{b}$$

他には、**セカント**（**正割**）と**コセカント**（**余割**）があります。

$$\sec\theta = \frac{1}{\cos\theta} = \frac{c}{a}$$

$$\csc\theta = \frac{1}{\sin\theta} = \frac{c}{b}$$

サイン、コサイン、タンジェント

これら3つの三角比はかつて高校数学でサイン、コサイン、タンジェントと一緒に教えられていたのですが、ただの逆数であるため、現在は省かれることが多くなっています。

平均値は「平凡な」値？

代表値と箱ひげ図

データをすべて足し合わせたもの（総和）をデータ量で割った値を**平均値**といいます。「平均」は日常でもよく聞く言葉ですが、この値は何を意味するのでしょうか？　平均値の定義そのままに受け取ると、例えば数学の試験の「平均点」は「ひとりあたりの点数」と解釈できます。これは「平凡な点数」と言い換えることができそうですが、本当にそれでいいのでしょうか？

代表値

ここでは、まず、**代表値**について解説したいと思います。

表1は、あるクラスの数学の試験の点数を集めたもの（ダミーデータ）を出席番号順に8人分並べたものです。このクラスの中で「平凡な点数」を考えると、どれくらいになるでしょうか？

表1のデータの平均値は

$$(62+81+27+50+35+19+62+52)\div 8=48.5$$

です。しかし、データを小さな順に並べてみると、19,27,35,50,52,62,62,81となります。データ量（=8）が偶数でちょうど真ん中になるような値がないため、50および52の2つが真ん中の値の候補として考えられます。これらの中間の値である$(50+52)\div 2=51$をデータの中でちょうど真ん中に位置する値とみなすことにしましょう。このような、データを小さな順（または大きな順）に並べたときの真ん中の値を**中央値**といいます。いま計算してみたように、平均値と中央値は一致するとは限りません。どちらを計算するかは、どんなデータの何を調べたいかによって変わってきます。

平均値や中央値のように、データ全体の特徴を要約した値を**代表値**といいます。代表値には他にも、データの中で最も多く出現する値である**最頻**

▼表1

出席番号	数学の点数
1	62
2	81
3	27
4	50
5	35
6	19
7	62
8	52

値や、最大値・最小値などがあります。表1のデータでは、62が2回出現するため、最頻値は62です。

平均値と中央値が大きく異なる場合

データの中に極端な値が含まれていたり、データに偏りがあったりする場合、平均値と中央値は大きく異なります。表2は、表1とは違うクラスの数学の試験の点数を集めたもの（ダミーデータ）です。このクラスの平均点は約59点ですが、それくらいの点数を取っている生徒はひとりもいないようです。これは「平凡な点数」とは言い難いですね。表2のデータの中央値を計算してみると、81になります。このクラスでは極端に低い点を取る生徒と極端に高い点を取る生徒しかいませんから、この点数は「平凡な点数」と呼んでよさそうです。このように、平均値は極端な値やデータの偏りの影響を強く受けるため、取り扱いに注意が必要です。

▼表2

出席番号	数学の点数
1	2
2	0
3	10
4	98
5	82
6	80
7	100
8	99

箱ひげ図

中央値は真ん中、すなわちデータ全体の50%に位置する値でしたが、これを**第2四分位点**とも呼びます。データ全体の25%に位置する値を**第1四分位点**、75%に位置する値を**第3四分位点**といい、最小値・第1～第3四分位点・最大値を下から順に並べて描いた右記のような図を**箱ひげ図**といいます。

▼箱ひげ図

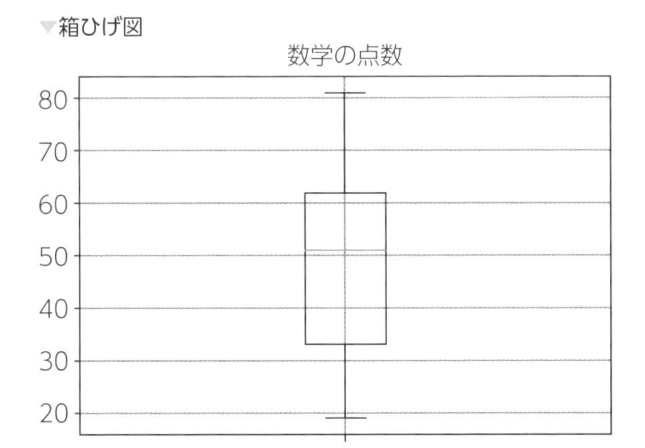

19 データの散らばり

分散、標準偏差

平均値や中央値などの代表値は、データの特徴をひとつの値に無理やり要約したものです。当然、代表値からは元のデータ全体が持つ情報の多くが失われています。そのため、代表値だけではなく、他にもデータの特徴を表す値が必要となります。その中でも特によく知られているのは、おそらく**標準偏差**でしょう。標準偏差とは、いったい何を表す値なのでしょうか？

偏差

前節の表2のデータでは、生徒全員が平均値からかけ離れた点数を取っていました。つまり、データが「散らばって」いたのです。平均値を計算するときは、データがそこからどれだけ離れているか、ということも見る必要があります。データの散らばりがあまりに大きい場合、平均値を取るようなデータはほとんどない、なんてことになってしまいます。

データの平均値との差を**偏差**といいます。n個のデータ$x_1, x_2, \ldots, x_n$の平均値を

$$\mu_x = \frac{1}{n}\left(x_1 + x_2 + \cdots + x_n\right)$$

と書くことにすると、i番目のデータx_iの偏差は$x_i - \mu_x$となります。データの散らばり具合を計るためには、偏差がどれくらいかを見てやればよさそうです。「偏差の平均値」を計算してみるとどうなるでしょうか？

$$\frac{1}{n}\left(\left(x_1 - \mu_x\right) + \left(x_2 - \mu_x\right) + \cdots + \left(x_n - \mu_x\right)\right)$$
$$= \frac{1}{n}\left(x_1 + x_2 + \cdots + x_n\right) - \frac{1}{n} n\mu_x$$

となり、この第1項はまさに平均値μ_xの定義と同じです。よって、偏差の平均値は必ず$\mu_x - \mu_x = 0$となります。さて、困りました。必ず0となるのでは、偏差の平均値からデータ全体の散らばり具合はわかりません。

この計算の何が問題だったのでしょうか？　データは平均値より大きかったり小さかったりするため、偏差がプラスの場合とマイナスの場合の両方があり得ます。前節の表2でも、平均値（59点）より高い点数を取った生徒と低い点数を取った生徒が両方います。偏差の平均値は、プラスの偏差とマイナスの偏差が互いに打ち消し合って0となってしまっているのです。これを防ぎつつ「データが平均値からどれだけ離れているか」を計るためには、「データが平均値より大きい場合（偏差がプラス）」と「データが平均値より小さい場合（偏差がマイナス）」をともに等しく扱う必要があります。

分散

偏差がプラスでもマイナスでも等しくデータの平均値からの離れ具合を計るためにはどうすればよいでしょうか？　ひとつの方法として、偏差を2乗してやることが考えられます。プラスの数でもマイナスの数でも2乗してやれば等しくプラスになってくれるため、「偏差の平均値」ではなく「偏差の2乗の平均値」

$$\sigma_x^2 = \frac{1}{n}\left(\left(x_1 - \mu_x\right)^2 + \left(x_2 - \mu_x\right)^2 + \cdots + (x_n - \mu_x)^2\right)$$

を計算してやると、これは（すべての偏差が0でない限り）必ず0を超える値となります。この値σ_x^2は**分散**と呼ばれ、データの散らばり具合を表すためによく用いられます。

標準偏差

分散は計算式の中で2乗しているため、元のデータの意味から少し異なる意味を持つ値となってしまいます。例えば、単位がkgの体重データの分散を計算すると、その単位はkg^2です。元々「データが平均値からどれだけ離れているか」を考えていたため、元のデータの単位がkgであれば、平均的な体重から何kg離れているか、を知りたいわけです。この差を埋めるため、分散の正の平方根

$$\sigma_x = \sqrt{\sigma_x^2}$$

を使ってデータの散らばり具合を計ることもよくあります。このσ_xこそが、**標準偏差**と呼ばれる値です。

「偏差値」って何？

みなさんには、標準偏差よりも**偏差値**という言葉のほうが聞き馴染みがあるかもしれません。偏差値とは、データの平均値が50で標準偏差が10となるように変換したときの各データの変換後の値です。具体的には、データ$x_1, x_2, \ldots, x_n$に対してi番目のデータx_iの偏差値は

$$10 \times \frac{(x_i - \mu_x)}{\sigma_x} + 50$$

で計算されます。偏差値は、偏差$x_i - \mu_x$を標準偏差σ_xで割ることでデータの散らばり具合を吸収し、様々な散らばり具合のデータに対して使えるように定義されています。このおかげで、いろいろな試験で「偏差値」という指標が参考にできるわけです。

RSA暗号

高度に情報化された現代社会において、暗号アルゴリズムは重要な技術です。受け取るべき人以外に情報が渡ってしまっては、うかつにインターネットを通したやり取りができません。**RSA暗号**は初等整数論の知識を応用した暗号アルゴリズムの一種です。

暗号化とそれを元に戻す復号化に用いる鍵（「アルファベットをひとつずつずらせ」など）が同じ**共通鍵方式**では、共通鍵を安全に受け渡すための管理が大変であるという問題がありました。RSA暗号のような**公開鍵方式**では、暗号化に用いる鍵（公開鍵）と復号化に用いる鍵（秘密鍵）を別々のものにしてしまいます。別々の鍵なのに暗号化と復号化ができてしまうことは、合同関係（67節で定義）についての初等整数論的結果から得られます。

用語のおさらい

偏差　各データの平均値との差。

分散　偏差の2乗の平均値。データの散らばり具合を表す。

標準偏差　分散の正の平方根を取ったもの。

数学ができると英語もできる?

散布図、相関係数

「数学の点数」のような単一の項目だけから得られる情報はごく限られたものです。数学の点数が高いのはどんな人か、数学の点数を高くするにはどうすればよいのか、といったことを考えるためには、いくつかの項目についてのデータを集めて比較しながら観察していく必要があります。ふたつの項目を比較するため、視覚的に表現する方法のひとつが散布図です。

散布図

ある試験の数学の点数と英語の点数を集めた表1(ダミーデータ)を眺めてみると、なんとなく「一方の点数が高い人はもう一方の点数も高く、一方の点数が低い人はもう一方の点数も低い」という関係がありそうに見えます。しかし、本当にそのような傾向があるのか、あるとすればどれくらいないのか、ということは、データをざっと眺めてみるだけではなかなかわかりません。

▼表1

出席番号	数学の点数	英語の点数
1	62	64
2	81	80
3	27	19

▼図1

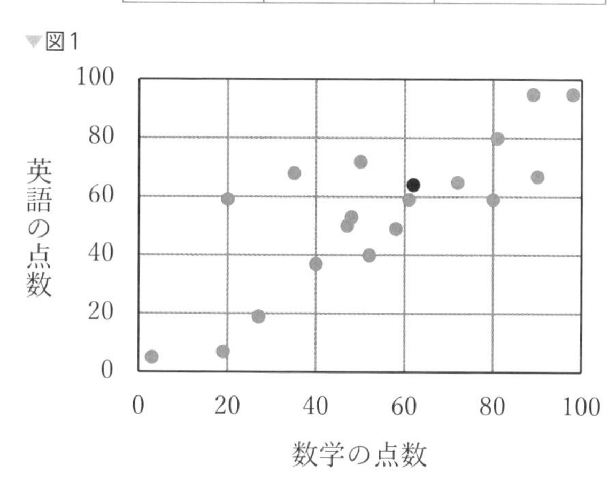

データから情報を得るためには、前節までのように平均や中央値のような「データの特徴を表す量」を計算するか、グラフなどで視覚的にわかりやすく表現する必要があります。データをもとに図を描画することを**プロット**といいます。表1の「数学の点数」を横軸、「英語の点数」を縦

軸として点をプロットしたものが図1です。このように、ふたつの項目を横軸と縦軸に対応させ、データを点で表現した図を**散布図**といいます。出席番号1番の生徒に対応するのは横軸の値が62で縦軸の値が64となるような点（黒の点）です。散布図で視覚的にデータを表現し、平面上に情報を集約することで、「数学ができると英語もできる」という傾向がよりハッキリとわかります。

相関係数

視覚的に表現することでデータのざっくりとした傾向はわかりましたが、それがどのくらい強い傾向なのかを具体的な数値で表現するためにはどうすればいいのでしょうか？　以下の式で定義される**共分散**という量を計算すれば、ふたつの項目間の関係の強さがわかります。

$$\sigma_{xy} = \frac{1}{n}\left(\left(x_1 - \mu_x\right)\left(y_1 - \mu_y\right) + \left(x_2 - \mu_x\right)\left(y_2 - \mu_y\right) + \cdots + (x_n - \mu_x)(y_n - \mu_y)\right)$$

この式で、nはデータ量（生徒の人数）、$x_1, x_2, \ldots, x_n, y_1, y_2, \ldots y_n$はデータ（$x_i, y_i$はそれぞれ出席番号$i$番の生徒の数学の点数と英語の点数）、$\mu_x, \mu_y$は平均値（それぞれ数学の平均点と英語の平均点）を表します。先程紹介した分散の定義と似ていますね。実は、まったく同じふたつの項目について共分散を計算してみる（$x=y$とする）と、共分散は分散と同じ値になります。一方の項目が平均値から離れている（$x_i - \mu_x$が0から遠い）ときにもう一方の項目も平均値から離れている（$y_i - \mu_y$が0から遠い）なら、積（$x_i - \mu_x$）（$y_i - \mu_y$）は0から遠ざかります。そのため、ふたつの項目が強く連動しているほど共分散は0を離れてプラスかマイナスの方向に大きくなっていくのです。

共分散は元々のデータが大きな値であればあるほど大きくなりやすいため、異なるスケールの項目を比較するのに向いていません。そのため、共分散をふたつの項目の標準偏差で割って−1から1までの値をとるようにした**相関係数**のほうがよく使われます。

$$\frac{\sigma_{xy}}{\sigma_x \sigma_y}$$

相関係数が1に近ければ近いほど、ふたつの項目の間には**正の相関**があるといい、相関係数が−1に近ければ近いほど、**負の相関**があるといいます。図1の「数学の点数」と「英語の点数」の相関係数は約0.8であり、これらの項目の間には正の相関があるといえます。

漢字を勉強すると背が伸びる

相関関係と因果関係

前節で紹介した相関係数で見ることのできるような「一方が変化するときにもう一方も変化する」関係を相関関係といいます。対して、「一方の変化がもう一方の変化の原因となる」関係を因果関係といいます。これらは似ていますが、異なる関係です。データを読み解く際、相関関係と因果関係を混同しないよう注意が必要です。

疑似相関

表1、図1は小学生の「書ける漢字の個数」および「身長」のデータ（ダミーデータ）とその散布図です。数学と英語の点数と同様、このふたつの項目の間には正の相関があります。このことから、「漢字を勉強すると背が伸びる」あるいは「背が高いと漢字がたくさん書ける」と結論づけてもよいのでしょうか？　どちらの結論も、少しおかしいような気がしますね。

▼表1

No.	書ける漢字	身長（cm）
1	659	138
2	204	123
3	943	149

▼図1

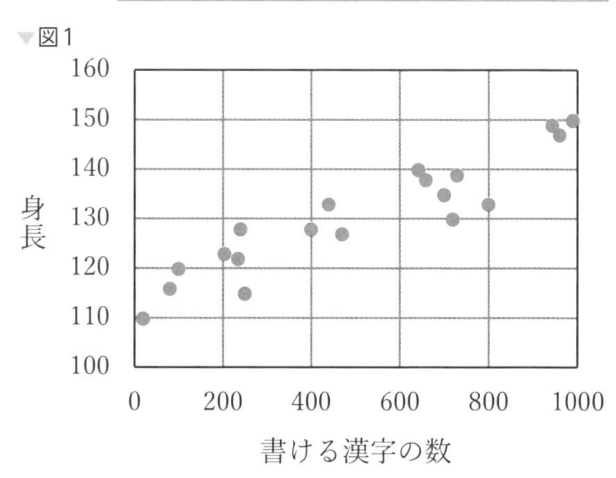

実はこのデータ、学年を分けずに集められたものです。「書ける漢字の個数」も「身長」も、どちらも学年が高いほど高くなっていきます。そのため、漢字を勉強したから背が伸びたわけでも、背が高いから漢

字が書けるわけでもなく、学年が高いから書ける漢字も多いし身長も高いのです。このように、相関関係はあるけれども因果関係はないような状態を**疑似相関**といいます。

アイスクリームが売れるとプールの転倒事故が増える？

アイスクリームの売上が最も高いときには、プールの転倒事故も多くなります。どちらも、気温が高くなると増えてくるものだということは自然にイメージできるでしょう。このデータから、「アイスクリームが売れるとプールの転倒事故が増える」と結論づけるのは変ですよね。書ける漢字の個数と身長の関係と同様に、アイスクリームの売上とプールの事故件数は「原因と結果」の関係になっておらず、これは疑似相関です。ここで「アイスクリームの売上」と「プールの事故件数」両方の変化の原因になっている「気温」のように、「原因」として見ている値と「結果」として見ている値の両方に影響を及ぼすようなものを**交絡因子**と呼び、交絡因子があるような状態を**交絡**といいます。交絡が起こっていると疑似相関が現れやすくなるため、「原因と結果」だと思って見ているデータに交絡因子が想定できるかどうかをつねに考えておく必要があります。

▼図2

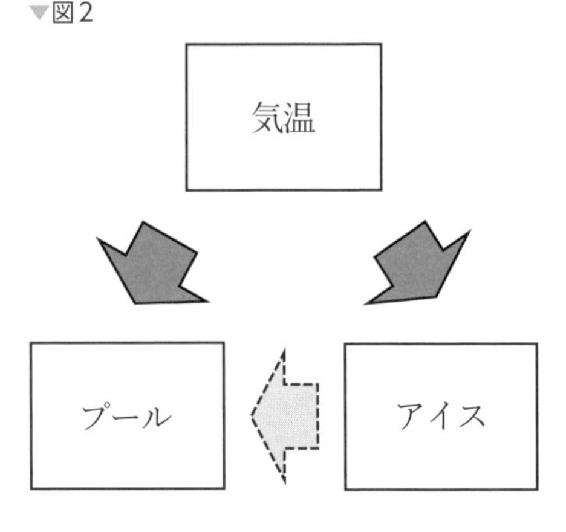

結局、因果関係ってどう見分けるの？

相関関係と因果関係はどうやって見分ければよいのでしょうか？　結論からいうと、因果関係を完全に見分けることは不可能です。極端なことをいえば、手からリンゴを離すと地面に落ちるのは単なる偶然で、奇跡的に万有引力があるように見えているだけなのかもしれません。データからは本当の「原因と結果」はわからないのです。統計学では、使いたい手法ごとに「こうなっていれば因果関係があると考えられそう」と様々な条件を定義して「因果関係」を見つけようと統計学者が奮闘しています。

22 ひと目でデータの特徴を捉えるには

様々なグラフ

散布図のような、データの特徴をうまく表す図をプロットすることで、データの特徴を直感的に捉えることができます。どんな代表値を計算すべきかも、まずはデータ全体の特徴を大まかに捉えないことにはわかりません。知りたいことやデータの特徴によって、必要となる図は変わります。どんな場合に、どんな図が活用できるのでしょうか?

ヒストグラム

大学受験の模試の結果などで、「横軸がデータの値、縦軸がその値の出現頻度」となっているようなグラフがよく掲載されています。これは**ヒストグラム**と呼ばれるグラフで、データがどのような値をどれくらいとりやすいのかというデータの全体的な情報を俯瞰するような可視化方法です。

▼ヒストグラム

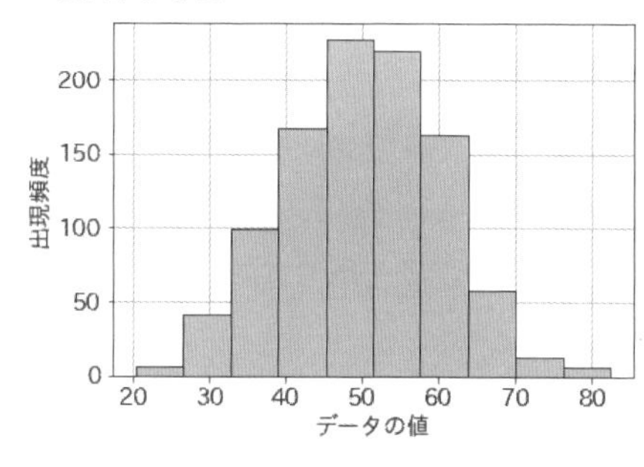

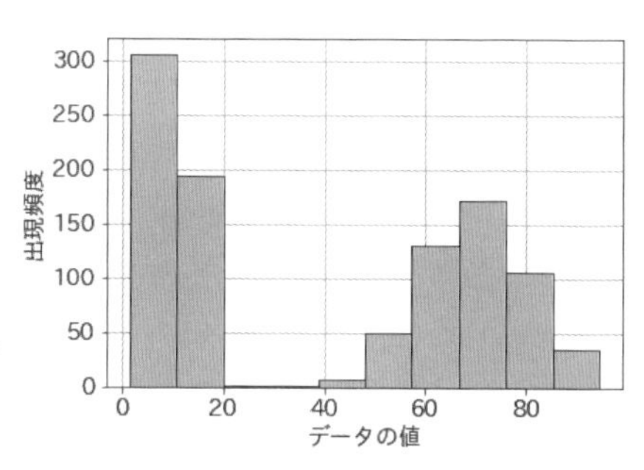

上の2つの図を見て下さい。左のヒストグラムは左右で対称に近い値の出現のしかたをしていますが、右のヒストグラムは非対称形をしています。この章の最初の節で見た平均値は、左のような左右対称のヒストグラムが描けるようなデータでは中央値とほぼ一致しますが、右のような非対称なヒストグラムが描けるようなデータでは中央値と異なる値となります。

折れ線グラフ

毎日の体重など、日ごとや時間ごとで変化するような数値を記録したことはありますか？　ダイエットの効果が出て、着実に低下していく体重の記録をつけていくのはかなり楽しい体験です。このような、時間の情報を含むデータを**時系列データ**といいます。時系列データは横軸を時間、縦軸をデータの値とした**折れ線グラフ**で表現されます。

▼折れ線グラフ

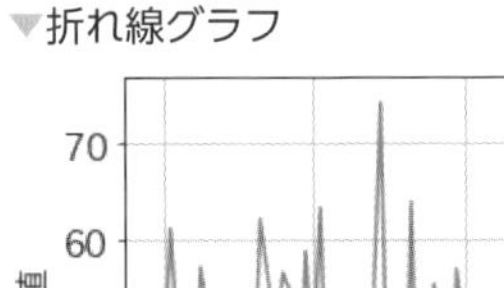
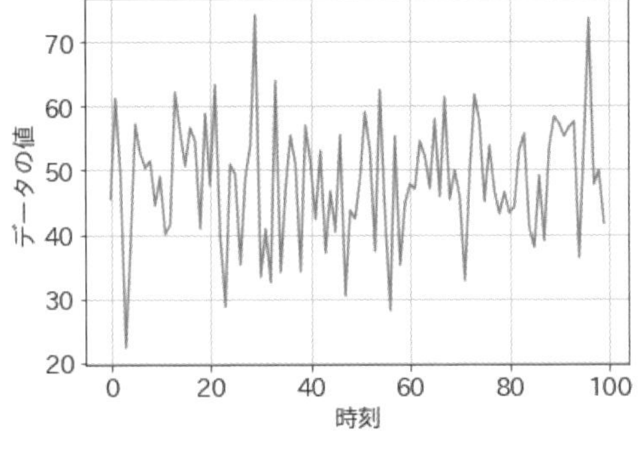

積み上げグラフ

ヒストグラムのように、棒の高さでデータの値を表すグラフを**棒グラフ**といいます。ある店舗の売上のうち、どの商品がどれだけの割合を占めているのかを知りたいような場合は、棒グラフを複数の項目で分解した**積み上げグラフ**を使うとよいでしょう。積み上げグラフでは各項目の数値を表す棒を縦に積み上げます。こうすると、全体の合計と各項目の数値を同時に見ることができます。各項目が占める割合だけを知りたいときは、全体の合計値で割って高さを1に揃えるのもよいでしょう。

▼積み上げグラフ

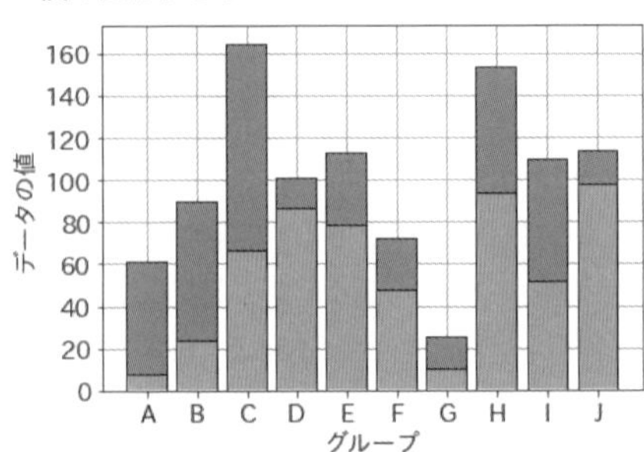

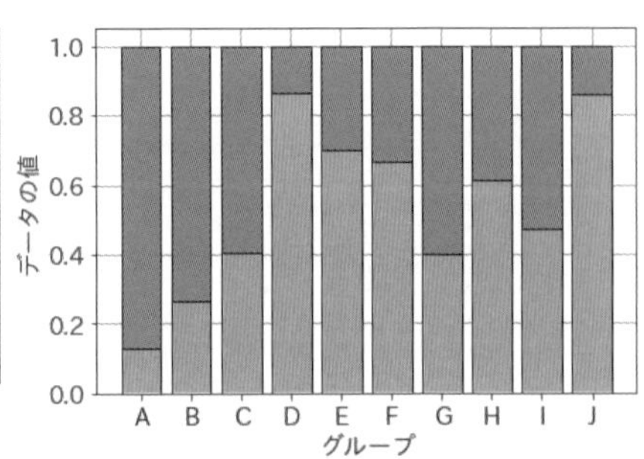

第2章 数学A

この章では、「場合の数と確率」および「図形」について学びます。前者は統計分析に必須の項目なので、ここでしっかりと身につけておきましょう。特に、条件付き確率はデータから何かを「予測」するにあたって核となる概念です。後者も数学的直観を鍛えるためにはとても重要な項目です。

ブレーズ・パスカル
(1623～1662年)

ヤコブ・ベルヌーイ
(1654～1705年)

みんなが喜ぶプレゼント交換

順列、完全順列、重複順列

パーティでプレゼント交換をするとき、最も避けたいケースは何でしょうか。せっかく持ってきたプレゼントが自分のところに戻ってきてしまうと、面白くありませんね。誰のプレゼントも自分のところに戻ってこないケースはどれくらいあるのか、確かめてみましょう。

順列

n個のものからk個取り出して一列に並べるときの並べ方を**順列**といいます。プレゼント交換の交換後の状態は「n個のものからn個取り出して一列に並べる」順列で表されます。「n個のもの」を$a_1, a_2, \ldots, a_n$と書くことにすると、「4個のものから3個取り出して一列に並べる」順列は

$$a_1, a_2, a_3 \qquad a_3, a_1, a_4 \qquad a_2, a_1, a_3$$

などが考えられます。「4個のものから3個取り出して一列に並べる」パターンを数えてみると24種類あり、一般に「n個のものからk個取り出して一列に並べる」パターンは$\dfrac{n!}{(n-k)!}$種類あります。このパターン数を${}_nP_k$と書きます。実際、「4個のものから3個取り出して一列に並べる」パターン数${}_4P_3$は

$${}_4P_3 = \frac{4!}{(4-3)!} = \frac{4 \times 3 \times 2 \times 1}{1} = 24$$

と計算できます。Pは順列を意味するpermutationの頭文字です。nの**階乗**$n!$はnまでの正の整数をすべて掛けた

$$n! = n \times (n-1) \times \cdots \times 2 \times 1$$

を表します。計算の都合上、$0!$だけは特別に$0! = 1$と定義しておきましょう。

完全順列

「n個のものからn個取り出して一列に並べる」順列のうち、「k番目がa_kではない」もののことを**完全順列**といいます。これは「プレゼント交換でk番目の人のプレゼントa_kがk番目の人に回ってこない」つまり誰のプレゼントも自分のところに戻ってこないケースに相当します。

よいプレゼント交換の結果がどれくらいあるのか確かめるには、順列のうち完全順列がいくつあるかを考えればよいのです。「n個のものからn個取り出して一列に並べる」順列のうち完全順列となるものの個数は

$$n!\sum_{k=2}^{n}\frac{(-1)^k}{k!}$$

で計算できます。このΣ（シグマ）記号はちょっとややこしいのですが、「kに2からnまでを代入していったものを足す」操作を表すものです。例えば3人でプレゼント交換する$n=3$の場合はシグマ記号の部分を

$$\sum_{k=2}^{3}\frac{(-1)^k}{k!}=\frac{(-1)^2}{2!}+\frac{(-1)^3}{3!}$$

とkに2から3までを代入したものを足していって計算します。これを代入すると完全順列の個数は

$$(3\times2\times1)\left(\frac{1}{2\times1}+\frac{-1}{3\times2\times1}\right)=6\times\left(\frac{1}{2}-\frac{1}{6}\right)=3-1=2$$

であるとわかります。3人でのプレゼント交換の交換後の状態は

$${}_3P_3=\frac{3!}{(3-3)!}=6$$

なので、プレゼントの配り方が完全に無作為であれば3回に1回ほどしかみんなが喜ぶプレゼント交換は実現しないようです。

重複順列

プレゼント交換では各プレゼントはひとつずつしか存在しないため、あるプレゼントが誰かの手に渡ればもうそのプレゼントについて考える必要はありません。例えば、A,B,Cの3人でプレゼント交換をしてAがBのプレゼントを引いたなら、BとCが引く可能性のあるプレゼントはAのプレゼントとCのプレゼントだけです。つまり、重複を考えなくともよいわけです。

順列を考える際、重複も含めたい場合があります。コインを3回投げるとき、1回目に表が出ても2回目に表が出ることを考えなくともよくなりはしません。2回目も3回目も、表が出たり裏が出たりします。重複を含めた順列を**重複順列**といいます。コイン投げ3回の例では、順列は

表表表, 表表裏, 表裏表, 裏表表, 表裏裏, 裏表裏, 裏裏表, 裏裏裏

の8個です。「n個のものから**重複を許して**k個取り出して一列に並べる」パターン数は

$$n^k$$

で計算できます。コイン投げ（表と裏の2つから選ぶ操作）を3回した結果のパターン数は$2^3=8$と確かに8個であることがわかりますね。

用語のおさらい

順列　いくつかのものからいくつかを取り出して一列に並べるときの並べ方。

完全順列　k番目にa_kが割り当てられるようなことのない順列。プレゼント交換で誰のプレゼントも自分のところに戻ってこないような状態を表す。

重複順列　重複を許して並べた順列。

いっせいに足したり掛けたり

同じようなものを足し合わせる際にいくつも項を書くのは面倒なので、シグマ記号を使うことがよくあります。「1から100までの整数を足し合わせたもの」は

$$\sum_{N=1}^{100} N$$

などと簡素に書き表されます。このように「与えられた数たちをすべて足し合わせたもの」を**総和**といいます。

では、「1から100までの整数を掛け合わせたもの」は簡素に書き表せるのでしょうか？ シグマ記号と同じように、いっせいに掛け算をするための記号を用意すればできそうですね。シグマ記号の掛け算バージョンはパイ記号Πが用いられており、「1から100までの整数を掛け合わせたもの」は

$$\prod_{N=1}^{100} N$$

と書き表されます。このように「与えられた数たちをすべて掛け合わせたもの」を**総積**といいます。

ドラマ『NUMBERS～天才数学者の事件ファイル～』

2005年からアメリカで放送されたドラマです。製作総指揮は、数々のヒット作で知られるリドリー・スコット、トニー・スコット兄弟。第6シーズンまで続いた人気シリーズです。主演はロブ・モロー、デイビッド・クロムホルツ。

天才数学者の弟チャーリーの協力を得ながら、ロサンゼルスの犯罪を解明するFBIエージェント、ドン・エプスを主人公にしたドラマシリーズです。

確率や方程式など、数学好きならたまらない事件の解決方法に思わずわくわくしてしまいます。

円卓の着席順

円順列と数珠順列

前節で考えた順列には「始まり」と「終わり」がありました。プレゼント交換では「何番目」の人がどのプレゼントを受け取るかが重要だったため、それぞれの人に番号を振る必要があります。しかし、並び順を考える際にいつでも「始まり」と「終わり」がどこかが重要となるとは限りません。

円順列

飲食店で丸いテーブルの席に通されたことはありますか？ 誰がどの席に座るかを考えるとき、どの席が窓に近いとか、いくつか考慮すべき点はありますが、四角いテーブルと違って「端に座る人」のことは考えないことでしょう。自分から見て誰がどこにいるかは、自分がどこに着席するかには関係なく、自分から数えて何席のところにその人が座っているかだけで決まります。みんなが自分を順列の「始まり」と考えて問題ないのです。

▼円順列

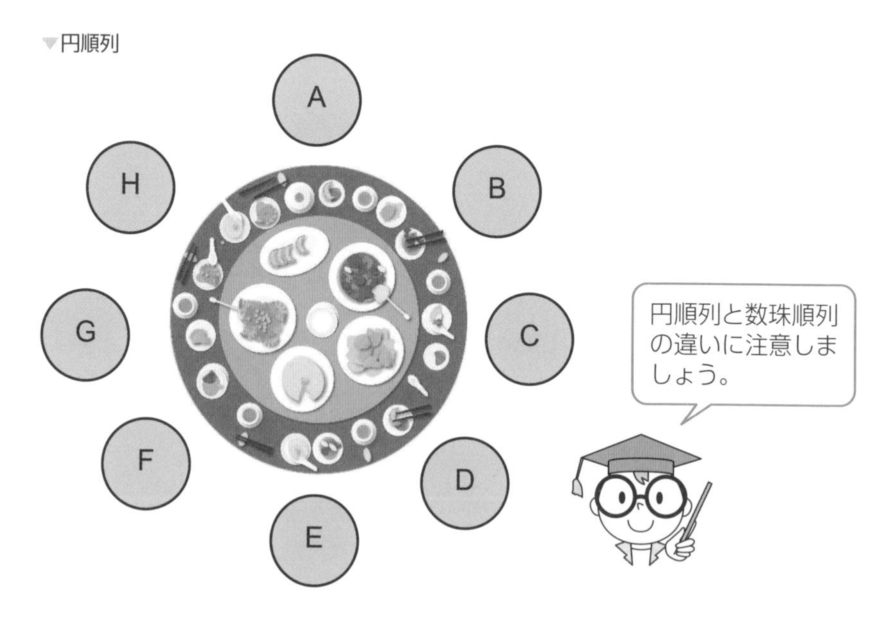

このように、円形に並べる並べ方を**円順列**といいます。ABCDEFGHという席

順とFGHABCDEという席順はスタートする席が違うだけで円順列としては同じ並び方を意味します。n個のものを並べる円順列の総数は$(n-1)!$で計算できます。8人が円卓に座る着席順は$(8-1)!=7\times6\times5\times4\times3\times2\times1=5040$通りです。

数珠順列

円卓の着席順では「自分の右側ふたつ隣」と「自分の左側ふたつ隣」の人は区別する必要がありました。Aさんから見て前者はGさん、後者はCさんです。同じような円形の並べ方として、ブレスレットのビーズや数珠の玉の並べ方が考えられます。ブレスレットや数珠は裏返して机に置くこともできるため、あるビーズを起点として「右側ふたつ隣」と「左側ふたつ隣」が入れ替わることがあります。そのため、下図のふたつの並べ方は表裏を入れ替えた同じものであると考えられます。

▼数珠順列

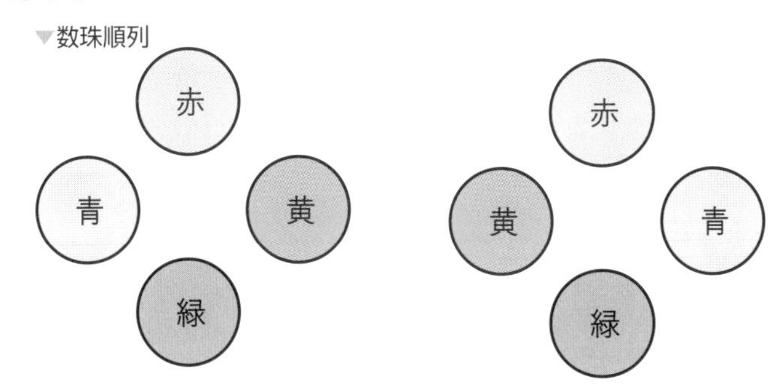

このように、裏返したものを同じとみなす並べ方を**数珠順列**といいます。n個のものを並べる数珠順列の総数は、円順列の半分の

$$\frac{(n-1)!}{2}$$

で計算できます。それぞれの円順列に対して表裏逆の円順列がひとつずつ対応するため、半分だけ考えればいいというわけです。4種類のビーズでブレスレットを作るときの並べ方は$\frac{(4-1)!}{2}=3$通りです。

用語のおさらい

円順列　いくつかのものを円形に並べる並べ方。

数珠順列　円形に並べる並べ方の表裏を入れ替えたものを同一視した並べ方。

選ぶことと選んで並べること

組合せ、対称性

順列で考えていたのは「選んで並べること」でした。順番にかかわらず「n個のものからk個選ぶこと」だけが知りたい場合もあります。サッカーなどのグループリーグで同じグループにどの国のチームが入るのかが気になるときは、順列ではなく組合せの数を計算するのがよいでしょう。

組合せ

あなたがある格闘ゲームの大会を主催したとしましょう。あなたは10人の参加者に細かく順位をつけるため、できれば全員が全員と対戦するようにタイムテーブルを組みたいと思っています。このとき、何試合ぶん時間を取ればよいでしょうか？　順列を考えると、10人から2人を選んで並べる並べ方の個数は

$$ {}_{10}P_2 = \frac{10!}{(10-2)!} = 90 $$

です。90試合あれば十分そうですが、こんなに試合をする必要はありません。

Aさんと Bさんの試合は並べ方によってABともBAとも書けますが、これを区別する必要はありません。3人選ぶことを考える際も、ABCとACBとCABとCBAとBACとBCAを区別する必要はありません。このような、n個のものから個取り出すときの選び方を**組合せ**といいます。組合せの総数${}_nC_k$は

$$ {}_nC_k = \frac{n!}{(n-k)!\,k!} $$

で計算できます。Cは組合せを意味するcombinationの頭文字です。この公式は順列${}_nP_k$を用いて

$$ {}_nC_k = \frac{{}_nP_k}{k!} $$

と書き換えられます。10人から2人を選ぶときの組合せの総数は

$$ {}_{10}C_2 = \frac{10!}{(10-2)!\,2!} = \frac{10 \times 9 \times 8 \times \cdots \times 1}{(8 \times \cdots \times 1)(2 \times 1)} = \frac{10 \times 9}{2} = 45 $$

であるとわかります。

重複組合せ

順列と同じく、組合せも重複を許して考えたい場合があります。5つの食材が入る袋を持っているとき、だいたい同じくらいの大きさのフルーツと野菜をいくつずつ詰めるかは**重複組合せ**で考えることになります。「n個のものから**重複を許して**k個選ぶ」組合せ数 ${}_nH_k$ は

$$ {}_nH_k = {}_{n+k-1}C_k $$

で計算できます。これを使えば、袋に詰めるフルーツと野菜の組合せの総数は

$$ {}_2H_5 = {}_{2+5-1}C_5 = {}_6C_5 = \frac{6!}{1!\,5!} = 6 $$

であるとわかります。

組合せの対称性

あるものを選ぶということは、それ以外のものを選ばないことを意味します。「10人からその試合の出場者2人を選ぶ」ことは「10人からその試合の非出場者8人を選ぶ」ことで達成されるため、組合せには

$$ {}_nC_k = {}_nC_{n-k} $$

という関係が成り立ちます。これは、式変形によって

$$ {}_nC_k = \frac{n!}{(n-k)!\,k!} = \frac{n!}{k!\,(n-k)!} = \frac{n!}{\big(n-(n-k)\big)!\,(n-k)!} = {}_nC_{n-k} $$

と確かめられます。

組合せの分解

組合せは「あるものを必ず含む組合せ」と「あるものを含まない組合せ」に分けて考えることができます。例えば、AからEまでの5つのアルファベットから

3つを選ぶ組合せの総数は「A以外から3つを選んだ組合せ」の数と「Aと残り2つを選んだ組合せ」の数に分けられます。このことは

$${}_5C_3 = {}_4C_3 + {}_4C_2$$

と表せます。これを一般化した以下の公式が成り立つことが知られています。

$${}_nC_k = {}_{n-1}C_k + {}_{n-1}C_{k-1}$$

小説「ダ・ヴィンチ・コード」シリーズ

ハーバード大学ロバート・ラングドン教授が数々の謎を解決していく人気小説シリーズ（『天使と悪魔』『ダ・ヴィンチ・コード』『ロスト・シンボル』『インフェルノ』『オリジン』）では、数学が謎を解くカギとして登場します。

このシリーズは、ロン・ハワード監督、トム・ハンクス主演で映画化もされ、観た方も多いのではないでしょうか。

「黄金比」「フィボナッチ数列」「等比数列」「五芒星」など、画家でありながら数学にも注目していたレオナルド・ダ・ヴィンチやニュートンについての知識が、これらシリーズの内容を深く知るための重要な要素となっています。

「フィボナッチ数列」とは、最初の二項が1で、第三項以降の項がすべて直前の二項の和になっている数列のことです。1, 2, 3, 5, 8, 13, 21, 34, 55, 89, 144, 233, 377, 610, 987, 1597, 2584, 4181, 6765, 10946, 17711, 28657… となり、どの項も、その前の2つの項の和となっています。このフィボナッチ数列は自然界に数多く存在していて、「花びらの枚数」「ひまわりの種の列数」などに見られます。

「黄金比」は、人間がもっとも美しいと感じる比率で「モナ・リザ」「パルテノン神殿」「サグラダ・ファミリア」など多くの美術や建築に用いられてきました。

数学の知識を頭に入れて再度作品を観ると、面白さが倍増するはずです。

用語のおさらい

組合せ　いくつかのものからいくつかを選ぶときの選び方。

重複組合せ　重複を許して選んだ組合せ。

26 同じものを含む順列

組合せとの関係

重複順列では同じものを選ぶ回数に決まりがありません。いつでも同じものが何度も選べるとは限らないため、決まった数の重複のある順列も考える必要があります。

同じものを含む順列

Aを3つ、Bを2つ、Cをひとつ用意して並べる並べ方を考えます。重複順列ではいくつでも同じアルファベットを使ってよかったのでAAAAAのような並べ方も許されましたが、今回は許されません。AAABBCのように、決まった回数同じアルファベットが使えます。このような順列の総数はどうすれば計算できるのでしょうか？

AAABBCの中にあるAAAに着目してみましょう。このAたちが別物A_1, A_2, A_3であった場合、順列の総数は

$$ {}_3P_3 = \frac{3!}{(3-3)!} = \frac{3 \times 2 \times 1}{1} = 6 $$

となります。逆にいえば、同じAが3つ並んでいることによってこの6パターンは区別しなくてもよくなったということです。3つのA、2つのBを区別しなくてもよくなるため、6個を区別した場合の順列の総数

$$ {}_6P_6 = \frac{6!}{(6-6)!} = \frac{6!}{1} = 6 \times 5 \times 4 \times 3 \times 2 \times 1 = 720 $$

を${}_3P_3 = 3!$と${}_2P_2 = 2!$で割って

$$ \frac{6!}{3!\,2!} = 60 $$

が「Aを3つ、Bを2つ、Cをひとつ用意して並べる並べ方」の総数です。同じものを含む順列の総数は、すべてを区別した場合の順列の総数 ${}_nP_n$ を「区別しない場合の順列の総数」で割ることで計算できます。同じものが a 個、b 個、c 個含まれるとき、$a+b+c=n$ 個並べる並べ方は

$$\frac{{}_nP_n}{{}_aP_a \times {}_bP_b \times {}_cP_c} = \frac{n!}{a!\,b!\,c!}$$

となります。

組合せとの関係

「同じものを含む順列」と組合せは「順番を(一部)区別しない」という点で似たことを考えています。3つのAと2つのBと1つのCを並べるケースでは、まずアルファベットを入れるべき空白を6つ考えます。

□□□□□□

この中から3つを選び、Aで埋めます。このときの選び方は、6つの空白から3つを選ぶので ${}_6C_3$ 通りあります。

□AA□□A

残った空白から2つを選び、Bで埋めます。このときの選び方は ${}_3C_2$ 通りあります。

BAAB□A

残りの空白ひとつにCが入ります。このときの選び方は ${}_1C_1 = 1$ 通りです。

ここまでの空白の埋め方は「残った空白のどれを埋めるか」という組合せのみで考えており、並べる順番は考慮していません。そのため、順列の総数は

$${}_6C_3 \times {}_3C_2 \times {}_1C_1$$

で計算できます。これを変形すると

$${}_6C_3 \times {}_3C_2 \times {}_1C_1 = \frac{6!}{3!\,3!} \times \frac{3!}{1!\,2!} \times \frac{1!}{0!\,1!} = \frac{6!}{3!\,2!\,1!}$$

となり、確かに「同じものを含む順列」の総数と一致しています。

27 グループの分け方

スターリング数、ベル数

「組合せ」では「何人か選んでひとつのグループを作る」ことを考えましたが、「全員を余すことなくいくつかのグループに分けたい」場合も多々あるでしょう。グループの分け方の総数はどうやって計算するのでしょうか。

グループ分け

n人をk個のグループに分けるときの分け方の総数 ${}_nS_k$ を**スターリング数**と呼ぶことにしましょう。ただし、グループは2つ以上で、誰もいないグループはないこととします。25節「選ぶことと選んで並べること」の「組合せの分解」でやったように、まず何かが決まっている状態を軸に「分け方の総数」を分解してみましょう。「Aさんがひとりいるだけのグループ」を作ってしまえば、残りの$n-1$人で$k-1$個のグループを作ることだけ考えればよくなります。この分け方の総数は ${}_{n-1}S_{k-1}$ です。「Aさんが1人いるだけのグループ」がない、すなわち「Aさんが他の誰かと一緒のグループにいる」ケースでは、残りの$n-1$人で作ったk個のグループのどこかにAさんを入れることだけ考えればよくなります。この分け方の総数は、「$n-1$人をk個のグループに分けるときの分け方」の総数 ${}_{n-1}S_k$ にAさんが入りうるグループの数kを掛けた$k\,{}_{n-1}S_k$となります。

よって、スターリング数は

$${}_nS_k = {}_{n-1}S_{k-1} + k\,{}_{n-1}S_k$$

と分解できます。組合せの分解

$${}_nC_k = {}_{n-1}C_k + {}_{n-1}C_{k-1}$$

と似ていますね。

スターリング数の公式を何度も適用していくことで、グループ分けの分け方の総数を求めることができます。4人を2個のグループに分けるときの分け方の総数は

$$ {}_4S_2 = {}_3S_1 + 2\,{}_3S_2 = 1 + 2({}_2S_1 + 2\,{}_2S_2) = 1 + 2(1 + 2 \times 1) = 7 $$

であることがわかります。3個のグループに分けるときの分け方の総数は

$$ {}_4S_3 = {}_3S_2 + 3\,{}_3S_3 = ({}_2S_1 + 2\,{}_2S_2) + 3 = 1 + 2 + 3 = 6 $$

です。4人くらいならまだ計算できますが、もう少し人数が増えただけで順列や組合せの総数よりもずっと計算が面倒になりそうです。組合せの総数を用いた

$$ {}_nS_k = \frac{1}{k!}\sum_{l=1}^{k}(-1)^{k-l}\,{}_kC_l\,l^n $$

という公式が知られていますが、残念ながらスターリング数はこれ以上簡単に計算することができないため、具体的な数値が知りたい場合はインターネット上の計算サイトに人数とグループ数を入力して計算してもらいましょう。

グループ数を決めないグループ分け

スターリング数はグループ数をあらかじめ決めておいたときの分け方の総数でしたが、グループ分けをしたいときにいくつのグループに分けるかが事前に決まっているとは限りません。グループ数を事前に決めない場合の分け方の総数$\boldsymbol{B_n}$は、すべてのグループ数（グループ分けしたい人数$\boldsymbol{n}$がグループ数の上限）での分け方の総数を足し合わせた数となります。つまり、

$$ B_n = \sum_{k=1}^{n} {}_nS_k $$

で計算できます。これを**ベル数**といいます。4人をグループ分けするときの分け方の総数は

$$ B_4 = {}_4S_4 + {}_4S_3 + {}_4S_2 + {}_4S_1 = 1 + 6 + 7 + 1 = 15 $$

となります。

28 コインの表と裏が出る確率は?

確率の定義

「確率」とは、観測されうる結果の起こりやすさを表す指標です。「観測されうる結果」というのは例えば、サイコロの出目を考える場合の「1の目が出る」「5の目が出る」といった結果を指します。このような結果たちに対して、確率を考えるにはどうすればよいでしょうか。

結果の起こりやすさ

コイン投げの場合について考えてみましょう。コイン投げの結果、観測されうる結果は「表が出る」と「裏が出る」のふたつです。コインが曲がっていたりして表が出やすくなっている、というふうな状況を除けば、表の出やすさと裏の出やすさは等しいと考えられます。

つまり、観測されうる結果Aの起こりやすさを$P(A)$と書くことにすると、

$$\begin{cases} P\left(\text{表が出る}\right)=\dfrac{1}{2} \\ P\left(\text{裏が出る}\right)=\dfrac{1}{2} \end{cases}$$

となっていることが期待されます。ここではどちらも同じくらいの起こりやすさであることを表現したいため、P(表が出る)$=50$,P(裏が出る)$=50$とかでもよいのですが、定義を簡潔にするためにすべての観測結果についての「起こりやすさ」の合計(ここでは$\dfrac{1}{2}+\dfrac{1}{2}$)を1に揃えておきます。実際にコインを何度も投げることを想像してみても、10,000回くらいのうち表と裏がそれぞれ5,000回ずつくらいになる、すなわち「起こりやすさ」が$\dfrac{5000}{10000}=\dfrac{1}{2}$となることは想像に難くないでしょう。

同様に確からしい

それ以上分解できない「観測されうる結果」を**根元事象**といいます。サイコロを投げたとき「1の目が出る」は根元事象ですが、「3の倍数の目が出る」だと「3の目が出る」と「6の目が出る」というふたつの根元事象に分解できてしまうため、根元事象ではありません。

すべての根元事象の「起こりやすさ」が同じであるとき、**同様に確からしい**といいます。コイン投げは表と裏の出やすさがそれぞれ同じ $\frac{1}{2}$ であるため、表と裏の出やすさは同様に確からしいといえます。同様に確からしい根元事象を考える場合の結果 A の起こりやすさは

$$P(A) = \frac{A\text{が含む根元事象の数}}{\text{すべての根元事象の数}}$$

と表現することができます。この $P(A)$ を A の**確率**といいます。「3の倍数の目が出る」という結果はふたつの根元事象を含むため、その確率は $\frac{2}{6} = \frac{1}{3}$ となります。

もっと一般的に定義すると

ここで定義した確率は左の3つの性質を満たします。

確率の性質

1. 確率は0から1の間
2. 全事象の確率は1
3. 排反なふたつの事象 A, B に対して
   $P(A \cup B) = P(A) + P(B)$ が成り立つ

次ページ以降で定義する概念も混じっていますが、この3つは後から何度か振り返って読んでもらえればだんだんと意味がわかってくるので、ご安心ください。コイン投げやサイコロ投げよりももっと複雑なこと（第4章「数学B」で扱

う例など）について確率を考えようとすると、今回の方法ではうまく「起こりやすさ」を考えることができなくなってきます。そんなときのために、数学で確率を扱う際はよく「今回考えた確率が満たす性質」から逆に確率を定義します。「確率」というものを「確率が満たしてほしい性質（1〜3）を満たす何か」として定義するのです。ちょっと不思議ですね。結局のところ確率とは何なのか、わからなくなってしまいそうですが、個別具体の正体がわからなくとも「これこれこういう性質を満たす何か」さえ定義してしまえば計算や証明はできてしまうというのは、数学の便利なところでもあります。

確率論の始まり

17世紀に数学者のパスカルとフェルマーが手紙で**分配問題**についての議論を交わしたのが、確率論の始まりといわれています。分配問題とは、「2人がそれぞれ32ピストールを出し合い、先に3回勝った方が64ピストールを総取りするという賭けを考える。一方が2勝、もう一方が1勝しているときに賭けが中断されたとき、64ピストールはどのように分配されるべきだろうか」という問題です。前ページで紹介した「確率論の3つの性質」を元にアンドレイ・コルモゴロフが現代的な「確率」概念を定式化したため、現在ではコルモゴロフ流の定義で確率論（**測度論的確率論**）が研究されることが多いのですが、分配問題で考えたような「賭け」の問題から「確率」を定義しようという**ゲーム論的確率論**も一部で研究されています。しかし、ゲーム論的確率論における確率の定義は少々複雑であるため、コルモゴロフ流よりも学ぶハードルは高くなっています。

用語のおさらい

確率　観測されうる結果の「起こりやすさ」を表す指標。

同様に確からしい　すべての根元事象の「起こりやすさ」が同じであること。

表が3回続いたら次は裏が出る?

事象の独立と排反

あなたがコイン投げにお金を賭けていたとして、3回目まで投げた結果がすべて表だったとしたら、次にどちらの面に賭けますか？　もしも「裏が出る」ほうに賭けたい場合、なぜそう思ったのでしょうか？　表が100回連続で続いたらさすがに「裏が出る」ほうに賭けるべきでしょうか？

事象

本題に入る前に、前節で扱った「観測されうる結果」をもう少しきちんと定義してみましょう。「3の倍数の目が出る」はふたつの根元事象を含む結果でした。このように複数の根元事象を含むものを考えるため、「数学1」で扱った「集合」を利用してみましょう。「3の目が出る」という結果を数字3で表し、「6の目が出る」という結果を数字6で表すと、このふたつを含む結果は

$$\{3,6\}$$

という集合で表すことができます。このように、それ以上分解できない「観測されうる結果」を要素として持つ集合を**事象**と呼ぶことにします。この定義に従えば、根元事象は「要素をひとつだけ持つ事象」と再定義することができます。サイコロ投げでは、$\{1\}$や$\{5\}$といった事象が根元事象です。

独立

ふたつのものが互いに影響を及ぼさないとき、それらは**独立**であるといいます。コイン投げの1回目の結果が表だったとしても、2回目の結果は表も裏も同様に$\frac{1}{2}$の確率ですから、コイン投げは**独立試行**であるといえます。コイン投げをしている隣のテーブルでサイコロ投げをしていても、互いの結果に影響を及ぼさないため、コイン投げの事象とサイコロ投げの事象は**独立事象**です。

排反

「独立」とは別の概念として、**排反**があります。ふたつの事象が同時に発生しない、すなわちふたつの事象が同じ要素を持たないとき、排反であるといいます。サイコロ投げであれば、{2,4,6}（偶数の目が出る）と{1,3,5}（奇数の目が出る）は同時に発生しない**排反事象**であるといえます。

なぜ裏に賭けたくなるのか

それまでのコイン投げの結果は以降のコイン投げの結果に影響しませんが、それでも表が続いたらなんだか裏に賭けたくなります。これはどの時点でどの確率を考えるべきかを取り違えてしまったことによります。まだコインを一度も投げていない状況で「これから4回連続で表が出る確率」は

$$\frac{1}{2}\times\frac{1}{2}\times\frac{1}{2}\times\frac{1}{2}=\frac{1}{16}$$

です。こんなに低ければ、表には賭けたくなくなるのもしかたがありません。しかし、「これから4回連続で表が出る」以外の事象は「次に裏が出る」だけではなく、「1回目に裏が出る」のような「3回コインを投げた時点ですでにもう起こらないことがわかっている事象」も含みます。これは少しおかしいですよね。コイン投げは独立試行ですから、すでに3回連続で表が出ている状況で「次に表が出る確率」は $\frac{1}{2}$ です。コイン投げを3回終えた時点で計算すべきは「次に表が出る」確率なのですが、コイン投げ前から見た「4回連続で表が出る」の確率を計算してしまうのが裏に賭けたくなる原因です。

独立な場合と排反な場合の確率

独立な結果がともに起こる確率は掛け算で求められます。先ほど計算した「4回連続で表が出る確率」は独立な4つの結果「n回目のコイン投げで表が出る」がともに起こったので、それらの確率の掛け算で求まりました。

排反な結果のいずれかが起こる確率は足し算で求められます。「3の倍数が出る」と「5が出る」は排反であるため、「3の倍数または5が出る」確率は

$$P(\{3,6\})+P(\{5\})=\frac{2}{6}+\frac{1}{6}=\frac{1}{2}$$

と計算できます。

3の倍数以外の目が出る確率は?

余事象の確率

「観測されうる結果」の集合を扱うことで、どんないいことがあるのでしょうか? コイン投げのような表と裏の2パターンしかないような単純な場合ならよいですが、確率を考えたい場合の多くはもっと複雑な「観測されうる結果」について検討する必要が出てきます。集合は無数の対象をひとつの記号で表現することができるため、そういう場合に力を発揮します。

余事象

すべての「観測されうる結果」を含む事象を**全事象**といいます。サイコロ投げであれば、全事象は

$$\{1,2,3,4,5,6\}$$

となります。ある事象が指し示す結果「以外」が起こることを表現するためには、ここからその事象に含まれる結果を取り除けばよいわけです。「3の倍数以外の目が出る」とは「3の倍数の目が出る」以外の結果を残したものですから、

$$\{1,2,4,5\}$$

となります。このように、全事象からある事象Aに含まれる結果を取り除いた事象を**余事象**と呼び、$\bar{A}$やA^cと書いて表します。

和事象・積事象

余事象のほかにも、事象に対してなんらかの操作をすることで新しく作られる事象がいくつかあります。

ふたつの事象A,Bの和集合から作られる事象$A \cup B$を**和事象**といいます。これは「ふたつの事象のうち少なくとも一方が起こる」状態を意味します。「1の目が出る」と「2の目が出る」の和事象「1または2の目が出る」は

$\{1\} \cup \{2\} = \{1,2\}$

となります。共通部分から作られる事象$A \cap B$は**積事象**といいます。

ド・モルガンの法則

事象は「集合」によって定義されているため、集合における**ド・モルガンの法則**も適用できます。ふたつの事象A,Bに対するド・モルガンの法則は

$$\begin{cases} \overline{A \cap B} = \bar{A} \cup \bar{B} \\ \overline{A \cup B} = \bar{A} \cap \bar{B} \end{cases}$$

と書けます。$A = \{2,4,6\}, B = \{3,6\}$とすると、上段は

「2の倍数かつ3の倍数の目が出る」でないことが起こる
=「2の倍数でない目が出る」か「3の倍数でない目が出る」

ことを表し、下段は

「2の倍数か3の倍数の目が出る」でないことが起こる
=「2の倍数でない目が出る」かつ「3の倍数でない目が出る」

ことを表します。

再訪・確率の一般的な定義

言葉の定義が出揃ったので、「コインの表と裏が出る確率は？」で見た確率の一般的な定義をもう一度見てみましょう。この3つの性質を満たす「何か」のことを確率と呼ぶ、というのが確率の一般的な定義でした。

確率の性質

1. 確率は0から1の間
2. 全事象の確率は1
3. 排反なふたつの事象 A, Bに対して
   $P(A \cup B) = P(A) + P(B)$が成り立つ

性質1は、みんなが同じように確率について考えるための決めごとです。性質2は、全事象すなわち「すべての結果」が起こる確率は性質1で決めた上限値になる、ということを意味します。サイコロ投げであれば、「1,2,3,4,5,6のいずれかの目が出る」という結果は必ず起こるため、この結果の「起こりやすさ」は最も大きいと考えるのが自然です。残る性質3が「確率」のいちばん重要な性質です。性質3は「同時に起こらない結果たちの確率は、それぞれの結果の確率を足し合わせたものになる」ことを意味します。「1または2の目が出る」(確率$\frac{2}{6}$)ことと「3の目が出る」(確率$\frac{1}{6}$)ことは同時に起こらないため、「1または2または3の目が出る」確率は$\frac{2}{6}+\frac{1}{6}=\frac{3}{6}=\frac{1}{2}$と計算できます。

クワス算

みなさんは、プラス(足し算)をどこまで使えますか? どんな数が来ても、自分以外と必ず答えが一致するように計算できる自信はありますか? 楽勝だと思った人もいるかもしれません。しかし、我々が他の人と「答え合わせ」できる回数には限りがあります。1億年生きる人同士が協力しても、答え合わせし切れない数の組み合わせは必ず出てしまいます。

あなたと他の誰かの間で「68+57」の答え合わせがまだできていないとしましょう。それ以外の2桁同士の組合せは答え合わせが問題なく終わっています。最後に「68+57」の答え合わせをしてみると、なんと相手は5と答えます。それまで問題なく「答え合わせ」できていたのにも関わらず、です。それもそのはず、相手は足し算ではなく、「68+57」以外では結果が足し算と一致して「68+57」のみ5を返すような**クワス算**をしていたのです。それでも、「68+57」を試してみない限りは互いにこの計算規則の不一致に気づくことができません。クワス算は、哲学者の**ソール・クリプキ**が「規則に従うこと」の不確かさを説明するために考えた架空の演算です。完璧な論理の上に構築されているように見える「数学」も、もしかすると……。

用語のおさらい

全事象　すべての「観測されうる結果」を含む事象。

余事象　ある事象の要素を全事象から除いた残りからなる事象。

31 クラスに同じ誕生日の人はいる?

反復試行の確率

小学校や中学校のクラスに同じ誕生日の人はいましたか？　1年は365日あるので、あなたと同じ誕生日の人がいる確率はあまり大きくありません。では、「どの日でもいいので、同じ誕生日の人の組が存在する」だとどうでしょう。

反復試行

独立試行を繰り返すことを**反復試行**といいます。誕生日は互いに影響し合わないため、「クラスの生徒に誕生日を聞いて記録していく」という試行は反復試行です。20人クラスの生まれ年に閏年がなく、誕生日に偏りがないとすると、あなたと同じ日に生まれた確率は $\frac{1}{365}$ なので

$$\left(\frac{1}{365}\right)^1\left(\frac{364}{365}\right)^{18} \fallingdotseq 0.0026 = 0.26\%$$

が残りの19人のうちあなたと同じ誕生日の人が1人いる確率です。……と言いたいところですが、これはある特定のクラスメイトAさんが同じ誕生日で他のクラスメイトは違う誕生日であるような確率です。19人のうち誰か1人が同じ誕生日であればいいので、「19人のうち誰か1人を選ぶ」選び方の総数 ${}_{19}C_1$ を掛けて

$${}_{19}C_1\left(\frac{1}{365}\right)^1\left(\frac{364}{365}\right)^{18} \fallingdotseq 0.050 = 5.0\%$$

が「クラスに自分と同じ誕生日の人がちょうど1人いる確率」です。

一般に、n 回の反復試行の各試行（ここでは「誕生日を聞いて記録する」）において確率 p で起こるような結果（ここでは「あなたと誕生日が同じ」）が k 回起こる確率は

$$ {}_nC_k\, p^k (1-p)^{n-k} $$

で求められます。

余事象の確率

「クラスに自分と同じ誕生日の人が1人以上いる確率」すなわち「少なくとも1回以上、自分と同じ誕生日が記録される確率」は、「同じ誕生日の人がちょうど1人いる確率」から「同じ誕生日の人がちょうど19人いる確率」までを足して

$$ \sum_{k=1}^{19} {}_{19}C_k \left(\frac{1}{365}\right)^k \left(\frac{364}{365}\right)^{19-k} \fallingdotseq 0.051 = 5.1\% $$

と計算できます。19回も確率を計算しなくてはならないなんて、かなり面倒ですね。このような「少なくとも1回以上、あることが起こる確率」は、考え方を変えればもう少しシンプルに求めることができます。求めたい確率は「1回も自分と同じ誕生日が記録されない、ということがない確率」と言い換えることができるため、余事象「1回も自分と同じ誕生日が記録されない」確率を1から引いてやればよいのです。実際、

$$ 1-\left(\frac{364}{365}\right)^{19} \fallingdotseq 0.051 = 5.1\% $$

と計算結果は一致します。そのままでは求めづらい確率を「余事象の確率を1から引く」ことでうまく求められることがあります。

同じ誕生日の人の組が存在する確率は？

自分の誕生日に限らず「どの日でもいいので、同じ誕生日の人の組が存在する確率」はどれくらいでしょうか。これも余事象「誰の誕生日も一致しない」の確率を1から引くことで求められます。誰の誕生日も一致しない確率は、「出席番号1番と2番の誕生日が一致しない確率」掛ける「出席番号1番から2番と3番の誕生日が一致しない確率」掛ける…掛ける「出席番号1番から19番までと20番の誕生日が一致しない確率」つまり

$$\prod_{k=1}^{19}\frac{365-k}{365}=\frac{364}{365}\times\frac{363}{365}\times\frac{362}{365}\times\cdots\times\frac{346}{365}\fallingdotseq 0.589$$

となるため、これを1から引いた$1-0.589=0.411=41.1\%$が「クラスに同じ誕生日の人の組が存在する確率」です。意外と大きいですね。

効果検証

実験対象になんらかの介入（「メール送付」「薬剤の投与」など）Tを行うことで結果となる値Y（「あるWebサイトを訪れたか否か」「症状が出ているか」など）が変動するかを推定することを**効果検証**といいます。効果検証で推定したいのは「介入した場合の結果$Y^{(1)}$と介入しなかった場合の結果$Y^{(0)}$の差」すなわち$Y^{(1)}-Y^{(0)}$です。しかし、メールを送られた人が「メールを送られなかった場合にどう行動していたか」はわかりませんし、同様にメールを送られなかった人が「メールを送られた場合にどう行動していたか」もわかりません。タイムマシンがあればやり直して両方試せるのですが、少なくともこの時代ではまだ使えません。この問題は**因果推論の根本問題**と呼ばれています。これに対処するため、**統計的因果推論**では結果Yの条件付き期待値$\mathbb{E}[Y|T]$をデータから統計的に推定することで差分$\mathbb{E}[Y|T=1]-\mathbb{E}[Y|T=0]$を計算し、仮想的に両パターンの比較をします。

ここで登場する**期待値**とは、結果として現れうる数値$x_1, x_2, ..., x_n$をその発生確率で重み付けした値

$$\sum_{k=1}^{n} x_k P(x_k)$$

のことです。**条件付き期待値**は上式の確率を条件付き確率に変えたものを指します。

モンティ・ホール問題

条件付き確率

結果の「起こりやすさ」を「確率」として扱うことで、我々人間のあいまいな「起こりやすさ」の理解ではなく、論理に基づいて「起こりやすさ」について考えることができます。そこから得られる結論の中には、直感と少し合わないようなものもあります。**モンティ・ホール問題**は多くの人が騙される問題として有名です。

モンティ・ホール問題

3つの扉の中から、ただひとつある正解の扉を当てるというゲームを考えてみましょう。元ネタはアメリカで有名な司会者モンティ・ホールのテレビ番組内で行われたゲームです。

あなたはまず、3つの扉の中から1つを選びます。次に、モンティは残った2つの扉の中から「不正解のほうの扉」を開けます。あなたが最初に選んだ扉が正解の扉であっても不正解の扉であっても、残った扉のうち少なくともひとつは不正解ですから、モンティはいずれかの扉を開けることができます。最後に、あなたは「扉の選択を変更するか」を決めます。このとき、あなたが正解の扉を選ぶ確率を上げるために、扉の選択を変更すべきでしょうか？　よくある回答は、「変えても変えなくてもよい」というものです。モンティが選択肢をひとつ消去した結果、扉は2つとなり、それぞれが正解の扉である確率は $\frac{1}{2}$ ずつになる、という考え方です。しかし、これは正しくありません。

直感で正しいと思える解答と、論理的に正しい解答が異なる問題の適例とされています。

条件付き確率

モンティ・ホール問題の正しい答えを導くため、**条件付き確率**という概念を導入してみましょう。事象Aが起こったときの事象Bの条件付き確率は

$$P(B|A) = \frac{P(A \cap B)}{P(A)}$$

で定義されます。右辺の分母は事象Aの起こる確率、分子は事象Aと事象Bがともに起こる確率です。条件付き確率は28節で最初に考えた「根元事象の数」による確率の定義で置き換えてみると、

$$P(B|A) = \frac{P(A \cap B)}{P(A)} = \frac{A \cap B \text{ が含む根元事象の数} / \text{すべての根元事象の数}}{A \text{ が含む根元事象の数} / \text{すべての根元事象の数}}$$

となりますが、分母分子に共通する「すべての根元事象の数」を約分してやると

$$P(B|A) = \frac{P(A \cap B)}{P(A)} = \frac{A \cap B \text{ が含む根元事象の数}}{A \text{ が含む根元事象の数}}$$

と表すことができます。これは確率の定義の「すべて」(全事象)をAに置き換えたものになっています。つまり、Aが起きる場合だけを「観測され得る結果」として考えた確率が条件付き確率です。

モンティ・ホール問題の答え

モンティ・ホール問題は条件付き確率の計算と考えることができます。例えばあなたが最初に扉3を選択し、モンティが扉1を開けたときは、「モンティが扉1を選択したときの扉2が正解である確率」すなわち

$$P\left(\left\{2 \text{ が正解}\right\} \middle| \left\{\text{モンティが } 1 \text{ を選択}\right\}\right)$$

が扉の選択を変更しなかった場合の「モンティが扉1を選択したときの扉2が正解である確率」すなわち

$$P\left(\left\{3 \text{ が正解}\right\} \middle| \left\{\text{モンティが } 1 \text{ を選択}\right\}\right)$$

を上回れば、扉2に乗り換えるべきだとわかります。
扉2が正解の確率は

$$\frac{P\left(\left\{2\text{ が正解かつモンティが }1\text{ を選択}\right\}\right)}{P\left(\left\{\text{モンティが }1\text{ を選択}\right\}\right)}=\frac{1}{0+1+1/2}=\frac{2}{3}$$

です。分母では正解の扉がどれかという3パターンの確率を足し合わせています。扉3が正解の確率は

$$\frac{P\left(\left\{3\text{ が正解かつモンティが }1\text{ を選択}\right\}\right)}{P\left(\left\{\text{モンティが }1\text{ を選択}\right\}\right)}=\frac{1/2}{0+1+1/2}=\frac{1}{3}$$

となり、扉の選択を変更したほうがよいという結論が出ました。

数学偉人伝

伊藤清（1915～2008年）

第1回ガウス賞受賞者の伊藤清は、確率論（特に確率微分方程式）に多大なる貢献をした数学者です。主な著書に『確率論』（岩波基礎数学選書）、『確率論と私』（岩波現代文庫）などがあります。

用語のおさらい

条件付き確率　ある事象が起こったときの、別のある事象が起こる確率。

33 陽性だと実際に感染している?

ベイズの定理

昨今、新型コロナウイルスに伴うPCR検査によって、「陽性」という言葉をよく聞くようになりました。検出したい状態が検出されたとき、**陽性**であるといいます。誤字を発見するプログラムで文章を読み込み、誤字であると判定された文字は陽性となります。しかし、陽性であるからといって、必ずしもそれが誤字であるとは限りません。

偽陽性

検査に間違いはつきものです。陽性と判定されたからといって、本当にそれが誤字であったり、感染症にかかっていたりするとは限りません。陽性であっても検出結果が間違っているときは**偽陽性**であるといいます。逆に、陽性という検出結果が合っているときは**真陽性**であるといいます。陽性でないことを**陰性**といい、偽陽性と同様に陰性と検出されたが結果が間違っているときは**偽陰性**であるといいます。検出結果が正しい場合は**真陰性**です。PCR検査で陽性と判定された場合でも、それが真陽性であることと偽陽性であることがあり得ます。

	検出結果が陽性	検出結果が陰性
実際に感染している	真陽性	偽陰性
実際に感染していない	偽陽性	真陰性

ベイズの定理

ここでいったん、条件付き確率の定義を思い出してみましょう。事象Aが起こったときの事象Bの条件付き確率は

$$P(B|A) = \frac{P(A \cap B)}{P(A)}$$

でした。同様に、事象Aが起こったときの事象Bの条件付き確率は

$$P(A|B) = \frac{P(B \cap A)}{P(B)}$$

です。集合の積$B \cap A$順番を入れ替えて$A \cap B$としてもよいため、これは

$$P(A|B) = \frac{P(A \cap B)}{P(B)}$$

とも書けます。両辺に$P(B)$を掛けると等式$P(A \cap B) = P(A|B)P(B)$が得られるため、これを最初の式に代入すると

$$P(B|A) = \frac{P(A|B)P(B)}{P(A)}$$

が得られます。これを**ベイズの定理**といいます。

検査をするときに気になることのひとつは、検査結果が陽性であったときに実際に罹患している有病率$P(\{\text{疾患}\} \mid \{\text{陽性}\})$です。仮に感染者が陽性と判定される確率（感度）$P(\{\text{陽性}\} \mid \{\text{疾患}\})$と疾患に罹患している確率$P(\{\text{疾患}\})$、そして検査の陽性率$P(\{\text{陽性}\})$にだいたいのあたりがついているとします。ベイズの定理より、「検査結果が陽性であったときに実際に罹患している確率」は

$$P(\{\text{疾患}\} \mid \{\text{陽性}\}) = \frac{P(\{\text{陽性}\} \mid \{\text{疾患}\})\, P(\{\text{疾患}\})}{P(\{\text{陽性}\})}$$

で求められます。例えば、有病率0.3％の病気に対して陽性率1％、感度70％の検査を実施した場合の「検査結果が陽性であったときに実際に罹患している確率」は

$$\frac{0.7 \times 0.003}{0.01} = 0.21 = 21\%$$

であることがわかります。計算式からわかるように、この**陽性的中率**は感度が高いほど高くなるのはもちろん、有病率が高いほど高くなり、陽性率が低いほど高くなります。

34 曲尺の知恵

平方根の長さを測る

曲尺を利用して、平方根の値を測ることができます。今回は、円に内接する四角形の一辺の長さを測ってみましょう。

曲尺とは

曲尺についてご存じでしょうか。身の回りにないと、なかなかピンとこないかもしれません。読み方は「かねじゃく」で、差し金とも呼ばれます。

▼曲尺

長い方が長手（ながて）、短い方が短手（みじかて）です。表と裏で異なる目盛りが刻まれており、裏側のものは表側に対して一目盛の間隔が$\sqrt{2}$（ルート2）倍になっています。それぞれの目盛を表目（おもてめ）、裏目（うらめ）と呼びます。今回は、この曲尺を用いて、平方根の長さを測ってみましょう。

平方根の長さを測る

まずは**平方根**についておさらいです。例えば、実数Aがあったときに、その平方根とは、その数を2乗するとAになるような数のことを言い、$\pm\sqrt{A}$と書きます。読み方は、**ルート**です。例えば、4の正の平方根は2で、負の平方根は-2です。曲尺の裏目がどのような場合に利用されるのか考えてみましょう。今回は、次のような流れで円に内接する正方形の一辺の長さを測ってみます。

①円の直径を探す。
②得られた円の直径を対角線とする正方形の一辺の長さを得る。

まず、円の直径を探します。曲尺の直角を当て、直角の点をC、その他の曲尺と円の交点をA、Bとします。このときにできる線分ABは、円周角の定理から、必ずこの円の直径を表しています。この時の半径の長さをxとおくと、直径の長さは$2x$になります。(図1)

▼図1

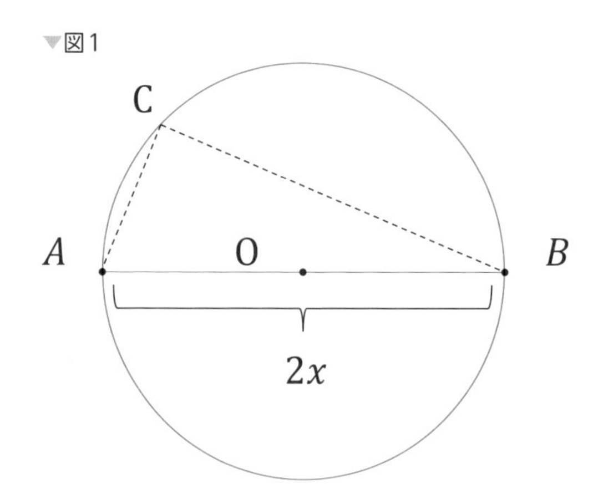

次に、直径を利用して、この円に内接する正方形の一辺の長さを計算します。図2のように、この円に内接する正方形の一部として、直径ABを長辺とする直角二等辺三角形を考え、直角の点をDとします。この際、線分の長さは、三平方の定理から、$\frac{2}{\sqrt{2}}x$になります。以上のようにして、円に内接する四角形の一辺の長さを得ることができました。

生活の場面では、曲尺はどのように利用できるのでしょうか？　例えば、次の図を丸太の断面図と考えると、円に内接する正方形の一辺の長さを調べることは、丸太から切り出される角材の一片の長さを調べることに相当します。曲尺の裏目は最初から、目盛を当てたものの長さではなく、その$\frac{1}{\sqrt{2}}$倍の長さを表示していますから、曲尺の裏目を丸太の直径に当てることにより、角材の一辺の長さを直接計測せずとも調べることができます。(図2)

▼図2

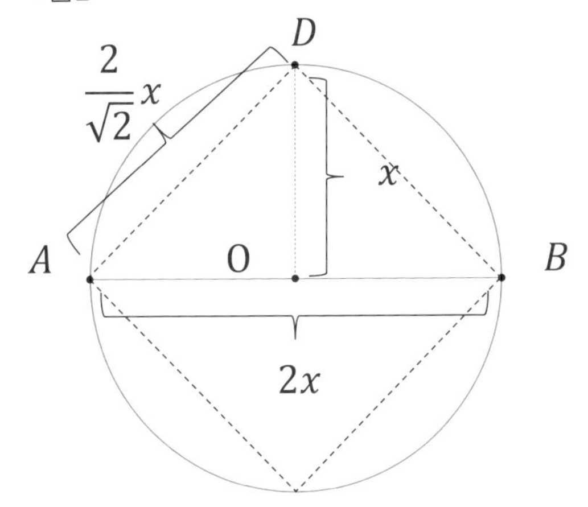

　このように、高校数学の知識を利用して曲尺の原理について説明することができます。曲尺にはこのほかにも様々な用途があり、先人の知恵に驚かされます。興味がある方は、詳細について調べてみてください。

曲尺は、単に長さを測ったり、線をひくためだけのものではないのです！

用語のおさらい

三平方の定理　直角三角形の3つの辺の長さについて、直角を作る側の辺の長さを、それぞれx、y、残りの辺の長さzとすると、$z^2=x^2+y^2$が成り立ちます。

三角形の面積を2等分する

中点の作図法

三角形の面積を二等分するためには、底辺とみなす線分を二等分すれば良いです。底辺となる線分のちょうど真ん中を、作図によって見つけましょう。

三角形の面積

三角形の面積は、「底辺×高さ」の半分で計算できますね。この面積を２等分するためには、簡易的には、底辺を半分にするか、高さを半分にするかの二択となります。今回は底辺を半分にする方針で考えてみましょう。

線分の中点を作図する方法

一般に、線分を二等分する方法としては、ものさしで長さを測れない状況だとすれば、コンパスを使うことが一般的です。コンパスを使った作図方法については、中学校の授業で習ったことがあるかもしれませんが、まずはおさらいしておきましょう。

▼三角形と、その底辺の両端を中心とする円

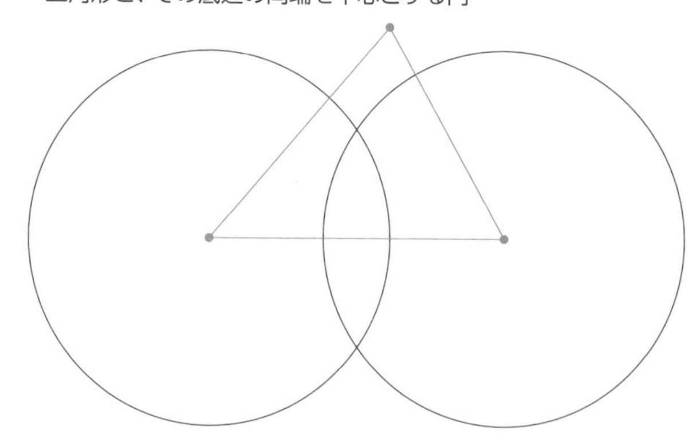

図を眺めているだけだとピンとこないかもしれないので、ぜひお手元に紙、コンパス、定規を準備して、ご自身でやってみましょう。

まず、適当な線分をひきます。次に、コンパスを利用して、この線分の両端を中心として、十分な長さの半径を持つ合同な2つの円を描きます。このとき、2つの円の交点を結ぶ直線は、最初の線分の垂直二等分線となっています。つまり、最初の線分とこの垂直二等分線の交点が、線分の中点です。

なぜ、この作図で線分の垂直二等分線が引けるのでしょうか？　簡単に証明してみましょう。舞台として、下図のように、線分ABとその中点M、2つの円の交点C、Dを設定します。

▼「点Mは線分ABの中点である」ことと、「線分ABと線分CMは直角に交わる」ということを示したい。

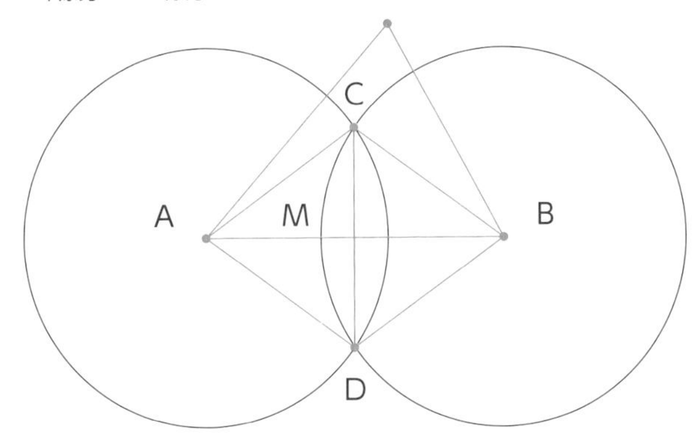

方針としては、上図のように各点を名付けると、「線分AMと線分BMの長さが等しい」こと、つまり、「点Mは線分ABの中点である」ことと、「線分ABと線分CMは直角に交わる」ということが示せればよいです。

まず、四角形ACBDに着目すると、点Aを中心とする円と点Bを中心とする円は合同になるように描いていることから、線分AC、線分CB、線分BD、線分DAは長さが等しいことがわかります。これにより、四角形ACBDはひし形であることが示せました。ひし形の対角線は中点どうしで交わるので、「線分AMと線分BMの長さが等しい」こと、つまり「点Mは線分ABの中点である」ことが示せました。

次に、三角形CAMと三角形CBMに着目すると、三辺の長さは等しいですから、三角形CAMと三角形CBMは合同であることが直ちにわかります。対応する角度は等しいため、角CMAと角CMBは等しいです。　ですから、「線分ABと線分CMは直角に交わる」ことがわかりました。

以上のことから、たしかに線分CDは線分ABの**垂直二等分線**になっていることがわかりました。

底辺が二等分できたので、下図のように点Mを利用して三角形を分割すれば、面積が二等分できたことになります。

▼三角形と、その底辺の両端を中心とする円

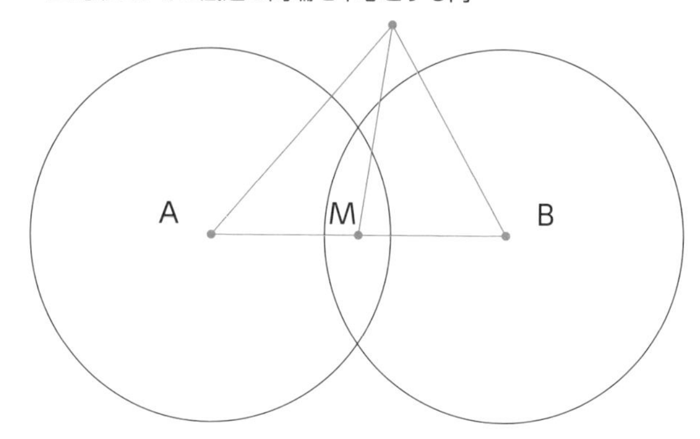

以上のように、ごく基本的ではありますが、コンパスを利用して三角形の面積を二等分することができました。

数学偉人伝

ヤコブ・ベルヌーイ（1654～1705年）

ベルヌーイ数やベルヌーイの定理などの科学用語に多くの名を残しているベルヌーイ。数学に親しんできた方にはおなじみの名前だと思います。

ヤコブ・ベルヌーイは1654年に、スイスのバーゼルに生まれました。ボイルやフックとの親交から、科学への道を進むことになります。

弟と著した『推測法』の中で、確率計算の基礎を築き上げました。ベルヌーイ数、ベルヌーイ試行など、確率の分野で、名前を残しています。

ベルヌーイ家は、ヤコブのほかにも、優れた学者を多く輩出しています。ヤコブの弟ヨハンは、微積分におけるロピタルの定理を見いだしました、また、ヨハンの息子のダニエルはベルヌーイの定理を発見するなど、流体力学で多大な功績を残しています。

用語のおさらい

垂直二等分線　与えられた線分を、垂直に二等分する線のこと。

ひし形　四本の辺の長さがすべて等しい四角形のこと。

36 三角形の面積を7分の1にする

メネラウスの定理

「メネラウスの定理」を応用することによって、三角形の面積を7分の1にすることができます。実はこの問題、東京大学の入試問題としても出題されたことがあります。実際に一緒に問題を解いてみましょう。

メネラウスの定理とは

メネラウスの定理とは、三角形と直線に対して成立する定理です。具体的には、下記のような内容になります。

● メネラウスの定理

任意の直線と三角形ABCにおいて、直線lとBC、CA、ABの交点をそれぞれD、E、Fとする。この時、次の定理が成立する。

$$\frac{AF}{FB}\cdot\frac{BD}{DC}\cdot\frac{CE}{EA}=1$$

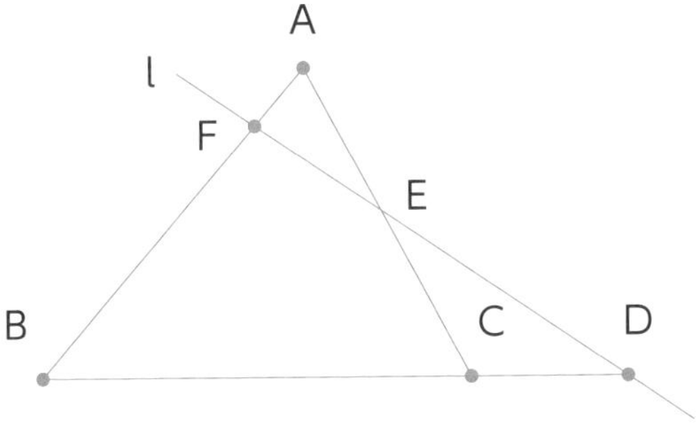

なお、直線lは、三角形と共有点を持っていてもいなくてもよく、線分を延長した直線上との交点を考えれば大丈夫です。

メネラウスの定理の内容は、三角形の頂点と、三角形と線分との交点を考えたときに、「ある頂点からある交点へ、その交点から別の頂点へ、その頂点から次の交点へ…」というように線分を分割したときに、その長さの比率に関するルールを表現しています。試験が控えているわけでもない限り暗記するほどのものではないですが、数式が法則的な並びをしているところが印象的ですね。証明については本書では割愛します。

東京大学の入試問題

1961年の東京大学の入試問題で、メネラウスの定理を用いて三角形の面積を7分の1に切り分ける内容のものが出題されました。三角形の面積を7分の1に切り分けるには、具体的にどのようにすればよいのでしょうか？

結論からいうと、三角形ABCがあったときに、三辺BC、CA、ABの上に、下記が成り立つように点L、M、Nをそれぞれとります。ALとCNの交点をP、ALとBMの交点をQ、BMとCNの交点をRとするとき、三角形PQRの面積は、三角形ABCの面積の7分の1になっています。

このことを確かめていきましょう。

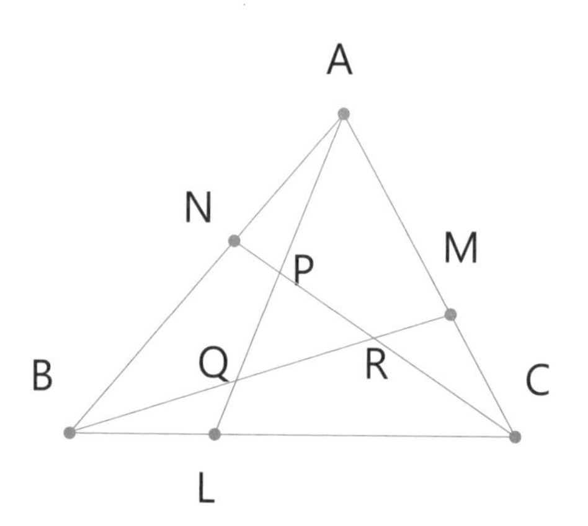

三角形PQRは、三角形ABCから、ある3つの三角形を除いた部分です。ある三角形とは、三角形ABQ、三角形BCR、三角形CAPです。これをヒントに考えていきます。

まず、三角形ABLと直線CNに対して、メネラウスの定理から、下記が成り立ちます。

$$\frac{AN}{NB}\cdot\frac{BC}{CL}\cdot\frac{LP}{PA}=1 \quad \cdots\cdots❶$$

三角形ACLと直線BMに対しても、メネラウスの定理から、以下の式が成り立ちます。

$$\frac{AM}{MC}\cdot\frac{CB}{BL}\cdot\frac{LQ}{QA}=1 \quad \cdots\cdots❷$$

いま、$AN:NB=1:2$、$BC:CL=3:2$、$AM:MC=2:1$、$CB:BL=3:1$になるように作図していたことを思い出すと、上記の❶❷式は下記のようにまとめられます。

$$\frac{1}{2}\cdot\frac{3}{2}\cdot\frac{LP}{PA}=1 \quad \cdots\cdots❶$$

$$\frac{2}{1}\cdot\frac{3}{1}\cdot\frac{LQ}{QA}=1 \quad \cdots\cdots❷$$

さらに計算すると、下記のことがわかりますね。

$$\frac{LP}{PA}=\frac{4}{3}$$

$$\frac{LQ}{QA}=\frac{1}{6}$$

ところで、三角形ABLと三角形ABC三角形の面積を比較すると、三角形ABLの面積は、三角形ABCの面積に対して底辺の長さにより$BC:BL$に分割されます。同様に、三角形ABLと三角形ABQを比較すると、三角形ABQの面積は$AL:AQ$により分割されます。つまり、三角形ABCの面積と三角形ABQの面積の比率について何かいえそうです。三角形ABQの面積をS_{ABQ}、三角形ABCの面積をS_{ABC}とすると、

$$S_{ABQ}=S_{ABC}\cdot\frac{BL}{BC}\cdot\frac{AQ}{AL}=S_{ABC}\cdot\frac{1}{3}\cdot\frac{6}{7}=\frac{2}{7}S_{ABC}$$

まったく同様の手続きにより、三角形BCRと三角形CAPについても考えることができます。

$$S_{BCR} = S_{ABC} \cdot \frac{CM}{CA} \cdot \frac{BR}{BM} = S_{ABC} \cdot \frac{1}{3} \cdot \frac{6}{7} = \frac{2}{7} S_{ABC}$$

$$S_{CAP} = S_{ABC} \cdot \frac{AN}{AB} \cdot \frac{CP}{CN} = S_{ABC} \cdot \frac{1}{3} \cdot \frac{6}{7} = \frac{2}{7} S_{ABC}$$

三角形PQRは、三角形ABCから、三角形ABQと三角形BCRと三角形CAPを除いた部分ですから、下記が成り立ちます。

$$S_{PQR} = S_{ABC} - S_{ABQ} - S_{BCR} - S_{CAP} = S_{ABC} - 3 \cdot \frac{2}{7} \cdot S_{ABC}$$

以上により、三角形PQRの面積は、三角形ABCの面積の7分の1になっていることがわかりました。

大学の入試問題！と聞くと難しく感じるかもしれませんが、このように、意外に基本的な問題も出題されているものです（ちょっと古い問題を紹介しましたが、現在も出題の雰囲気は大きくは変わっていません）。

入試問題ばかりに取り組むのもあまり健康的な感じはしませんが、一方で良問が多いのも事実なので、興味を持たれた方は書店の参考書コーナーを覗いてみてもよいかもしれませんね。

確率過程

株価など、結果が時間によって変化する場合には時刻tごとに確率変数X_tを考えます。このように、時間を添え字とした確率変数の列を**確率過程**といいます。59節で紹介するランダムウォークは確率過程の例です。確率過程の理論はファイナンスや保険数理への応用が盛んなため、我々の生活にも密接に関わっています。

37 ビリヤード台

対称移動

ビリヤードは、台の上に置かれた球を台の上のポケットに入れる遊びです。ビリヤードでは、対称移動の考え方を使うことで、打つべき玉の角度を理論的に推測することができます。

対称な図形

図形の対称移動には2種類があります。ある図形をある直線に関して折り返すような移動を**線対称移動**といい、ある図形をある点を中心に180度回転させる移動を**点対称移動**といいます。

日常生活で、線対称移動や点対称移動によって得られる図形は様々あります。線対称移動によって得られる図形のことを単に線対称な図形といい、点対称移動によって得られる図形のことを単に点対称な図形といいます。飛行機は線対称な図形ですし、日本の寺社で見られる「まんじ」は点対称な図形です。

▼まんじ（点対称）

▼飛行機（線対称）

ビリヤードの例

ビリヤードは、ざっくりいえば、台の上に置かれた球を台の上のポケットに入れる遊びです。ビリヤードをプレイする際の作戦は、線対称移動の考え方を用いて見通し良く考えることができます。

次の図のような状況を考えましょう。球A、B、Cがあり、Aを、CにあてることなくBにあてる方法を考えます。結論としては、台の壁に当たった際の球の入射角と反射角が等しいと仮定すると、衝突する面に対して線対称移動を行った点をめがけて打てばよいことになります。

▼ビリヤード台と、ビリヤード台を線対称移動したもの

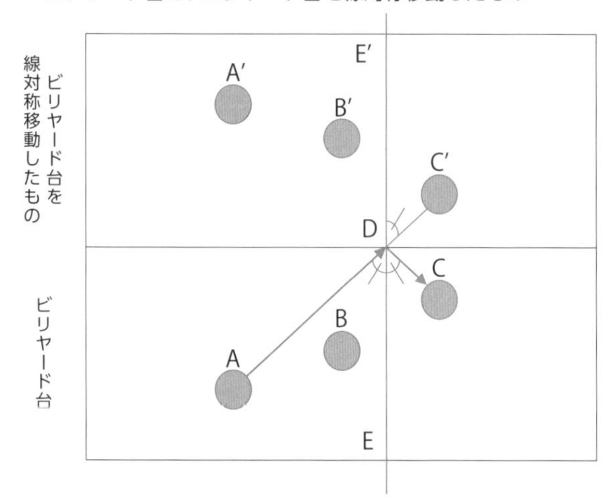

実際、点C′めがけて一直線に球を打つことができれば、角ADEと角CDE′は等しくなります。線対称の性質から、角CDEと角CDE′は等しくなりますから、球は点Cにちょうどヒットすることになります。

このように、線対称の性質を利用して、ビリヤードを制することができます。ただし、言うは易しですが、実際に理論通りにプレイすることは難しいです。

用語のおさらい

線対称移動　ある図形をある直線に関して折り返すような移動を線対称移動といいます。

点対称移動　ある図形をある点を中心に180度回転させる移動を点対称移動といいます。

地球の大きさを測るには

幾何学の利用

昔の人は地球の大きさをどのようにして計測しようとしていたのか、考えたことはありませんか？　実は、三角比や幾何学の知識を利用して、地球の円周を推測することができます。

エラトステネスのアイデア

地球の大きさを測るにはどうしたらよいでしょうか？　今回ご紹介する方法は、**エラトステネス**（紀元前275～196年頃）というギリシャ人が最初に考えたといわれています。彼は、太陽の光の入射角をヒントに、地球の大きさを推測しました。下図を参考に考えてみましょう。

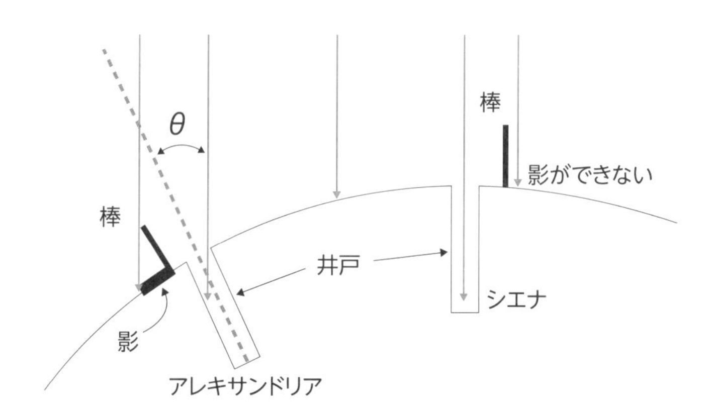

エラトステネスは、同じ井戸でも異なる場所では太陽による影ができたりできなかったりすることに気づきました。実際に棒を立てて調べてみると、シエナという場所では影ができないのに対し、アレキサンドリアという場所では影ができていました。彼は、このことを利用して、地球の円周を推測することを試みます。

実際の計算

三角比を利用して、太陽の入射角を推測することができます。ここでは、特にタンジェントの値が$0° < \theta < 180°$の条件で角度と一対一に対応することを利用して、角度を求めることができます。下図において、AとBの長さがわかれば、θの値が定まるという寸法です。

▼棒の長さと影の長さから太陽の入射角を求める

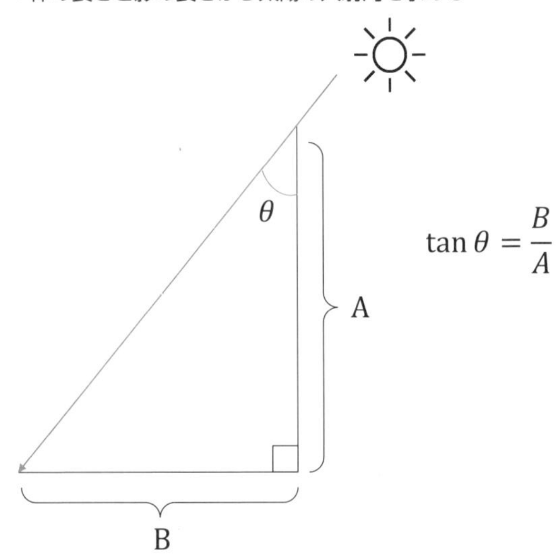

実際に、タンジェントの値を計算することで、アレキサンドリアにおける太陽の入射角を調べてみると、約$7.2°$であることがわかりました。また、アレキサンドリアからシエナまでの距離は約$925km$であることがわかりました。これは、地球という球体の上で、アレキサンドリアからシエナまでの角度が約$7.2°$で、それに対応する距離が約$925km$であることを意味します。

あとは単純に角度に比例する分だけアレキサンドリアからシエナまでの距離を（アレキサンドリアまで！）引き延ばせばよいですから、地球の円周は下記のようになることがわかります。

$$925 \times \frac{360}{7.2} = 46{,}250(km)$$

▼地球の中心とシエナ、アレキサンドリア

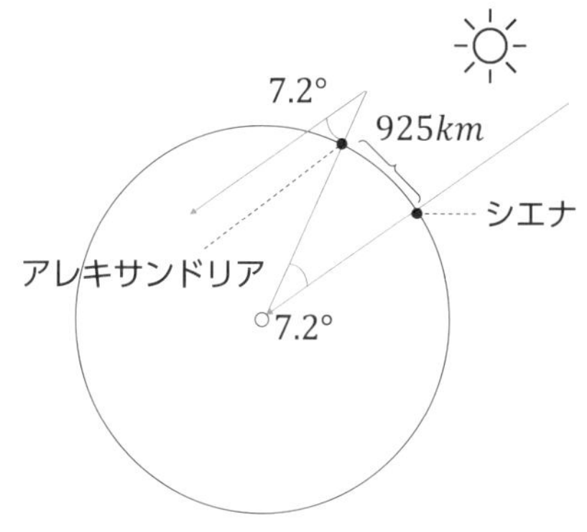

これは、現代の測量技術による40,075kmという値に対してやや誤差が大きいですが、当時の測量技術で、これほど単純なロジックで推測した値にしては正確なものといえるのではないでしょうか。

以上のように、三角比を利用して地球の大きさのように直接の計測が難しいものに対しても、ある程度大きさを推測できることがわかりました。

ホモロジー

図形に「穴がいくつあるか」を表す**ホモロジー群**によって、図形をざっくりと分類することができます。以下の最初2つの図形は、いずれも穴がひとつある図形なので同一視できます。3つ目の図形は穴がないので別物とみなせます。

ホモロジー群は画像データや点群データの分析にも活用されています。例えば、手書き数字の書かれた画像にどの数字が書いてあるか知りたいとします。人間なら数字を判別する際、「8には穴がふたつある」など図形（ここでは数字）の目で見てわかる特徴を使いますが、コンピュータはそういうことがあまり得意ではありません。そこで、手書きの線を膨らませて行ったときのホモロジー群の変化を見ることで図形の「目で見てわかる特徴」を抽出するというトポロジカルデータ分析（TDA）の手法が役に立ちます。TDAは生命科学や脳科学、材料科学などで応用されています。

ペンタゴンを描く

正五角形と黄金比

アメリカ国防総省「ペンタゴン」はその名の通り五角形をしています。正五角形は、定規とコンパスを利用すれば、正しく作図できます。「黄金比」の性質を利用することで、見通しよく作図することができます。

正五角形の性質

正五角形の一辺と対角線の長さの比率は**黄金数**になるという性質があります。黄金数ϕ（ファイ）は、下記のような数値です。

$$\phi = \frac{1+\sqrt{5}}{2}$$

黄金数は、**黄金比**の中に出てくる数字です。黄金比とは、$1:\phi$で表される比率のことです。脱線になるので詳細は省略しますが、黄金比はデザインとして美しいとされ、例えばパルテノン神殿を正面から見たときの縦横の比率が黄金比になっていることは有名です。

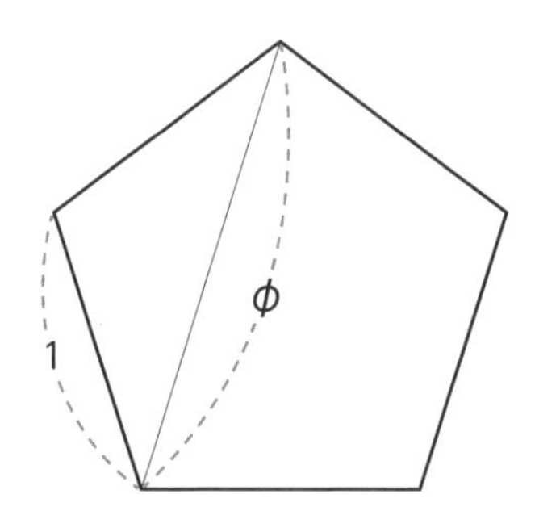

正五角形の一辺と対角線の長さの比率が黄金数になっています。

正五角形の作図

黄金数の性質を利用することにより、**正五角形**を作図することができます。

まず、正五角形の一辺ABを描きます。そこに、与えられた線分ABの垂直二等分線を描き、線分ABとの交点をLとします。

▼線分ABと垂直二等分線、点L

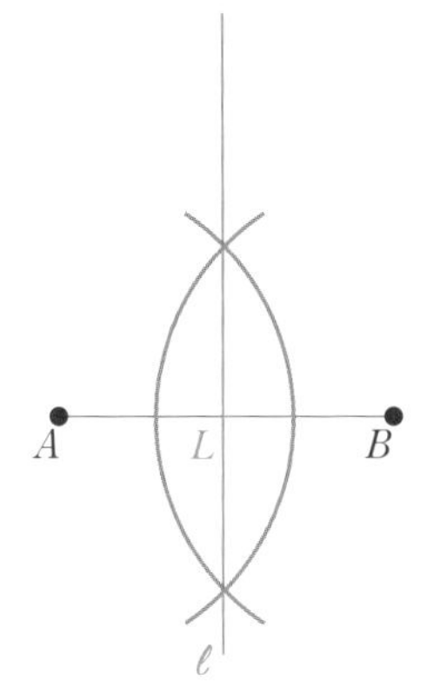

次に、線分ABの長さをコンパスで写し取り、Lからの距離が線分ABの長さと同じになるように、垂直二等分線上の点Mを描きます。

▼線分ABと垂直二等分線、点M

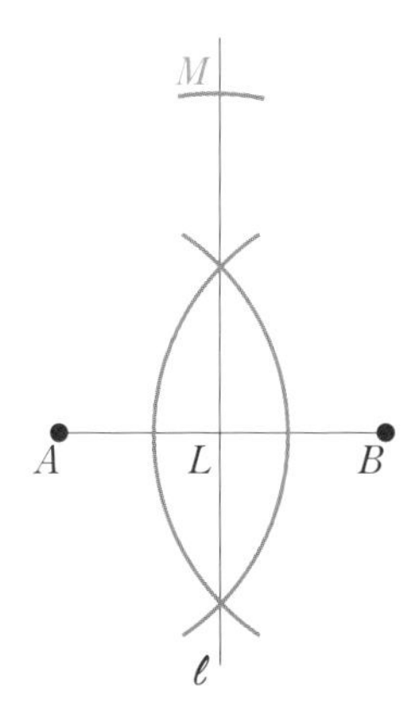

点Bを中心とし、半径BMの円と半直線ABの交点Nを取ります。

▼線分ABと垂直二等分線、点N

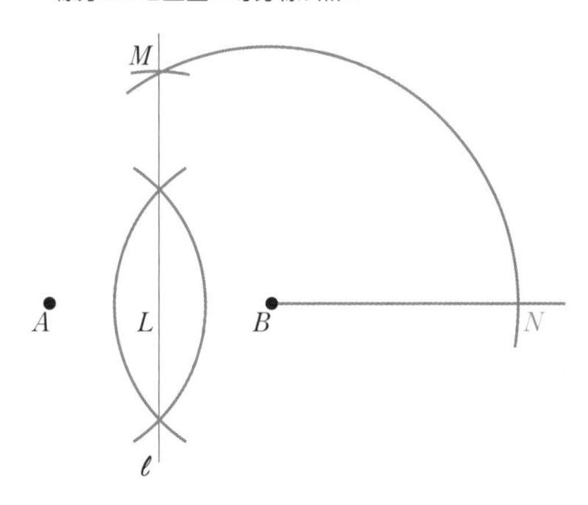

LNの長さをコンパスでとり、点Aを中心とする半径LNの円Pと、点Bを中心とする半径LNの円Qを描きます。この時、円Pと円Qの交点が、正五角形の頂点の1つになります。

▼線分ABと垂直二等分線、円Pと円Q

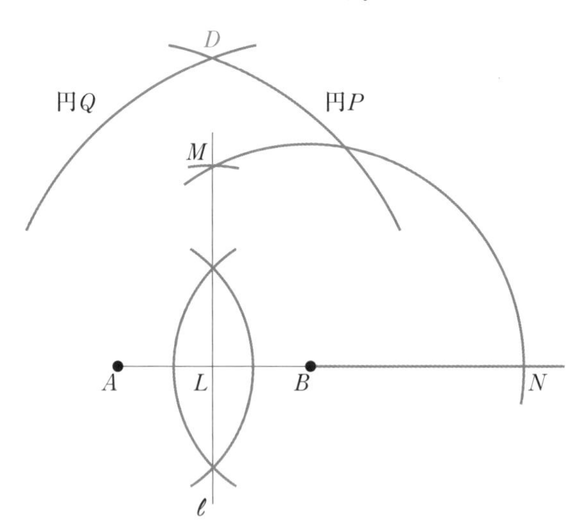

再び線分ABの長さをコンパスでとり、点Bを中心とする半径ABの円Rと、Aを中心とする半径ABの円Sを描きます。このとき、円Pと円Rの交点と円Qと円Sの交点をそれぞれ点E、点Cとすれば、これらは正五角形の頂点になります。以上により、正五角形$ABCDE$が作図できました。

▼線分ABと垂直二等分線、円Sと円R

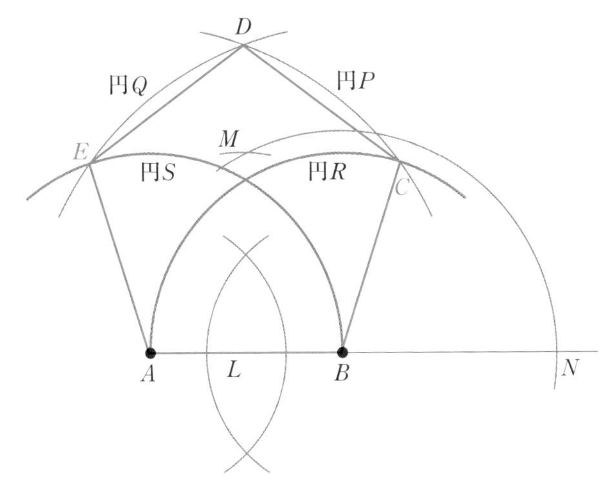

作図のポイントは、「線分AD（＝線分BD）の長さが黄金比になっている」というところです。線分ABの長さを仮に1とした場合に、実際に線分ADの長さを計算してみましょう。

まず、線分ALと線分BLの長さは、そうなるように作図しているため、当然ですが$\frac{1}{2}$になります。線分LMの長さも、そうなるように作図しているため、当然1になります。このとき、線分BMと線分BNの長さは、三角形BLMで三平方の定理を適用して、$\frac{\sqrt{5}}{2}$になります。よって、線分LNの長さに関して、下記が成り立ちます。

$$LN = \frac{1}{2} + \frac{\sqrt{5}}{2}$$

これは黄金数そのものですね！　このように、対角線の性質を利用して正五角形を描いていくことができます。

用語のおさらい

正五角形　各辺の長さが等しい五角形のことです。

どのエリアに出店する?

ボロノイ分割、三角形の外心

「どのエリアに出店すると集客が見込めそうか」を問う商圏分析で、「ボロノイ分割」という手法が使われます。聞きなれない言葉なので難しく感じるかもしれませんが、高校数学の範囲で理解可能なお話です。

店舗の出店計画

例えばコンビニやスーパーのようなビジネスにおいて、自社や競合の既存店舗の立地により、新しい店舗の商圏を考慮した出店計画を立てたい場合、**ボロノイ分割**による分析が行われることがあります。

ボロノイ分割とは、地図上に自社や競合の店舗の位置情報が点として与えられているときに、各領域にとって、それぞれの点が必ず最寄りの点になるように地図を分割する操作のことです。ボロノイ分割によって得られた地図の全体を**ボロノイ図**と呼びます。

▼ボロノイ図

ボロノイ分割の方法

ボロノイ分割の操作は、高校数学の範囲で簡単に理解することができます。ボロノイ分割とは、つまるところ「点と点の間の距離が等しいような直線を引く」という作業です。地図上のすべての点について同様の操作を行えば、ボロノイ図が完成します。

では、「点と点の間の距離が等しいような直線」とは何でしょうか？　まず、もっとも単純な場合で、地図上に2つの点、点Aと点Bしか存在しない場合を考えてみましょう。(数学全般の基本的な勉強法として、「最も基本的な例から順番に考えてみる」というセオリーがあります。覚えておきましょう！)

▼空間上に2点しかない場合のボロノイ分割

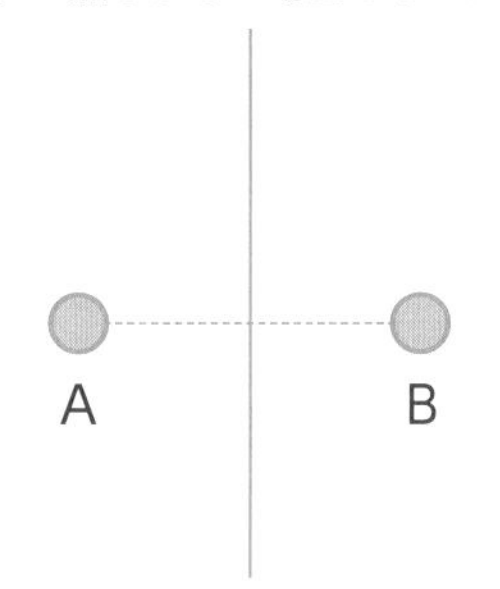

このとき、点Aと点Bを結ぶ線分の垂直二等分線を考えます。この垂直二等分線が、ちょうど2点との距離が等しい点の集合になっていることがわかりますね。では、ここにさらにもう一点追加して、点Cを考えてみましょう。線分AB、AC、BCそれぞれの垂直二等分線を求め、その交点は1か所で交わります。このとき、Y字型の分割が得られていますが、これがまさにボロノイ図です。ちなみに、このときの交点は三角形ABCの**外心**になっています。

▼空間上に3点が存在する場合のボロノイ分割

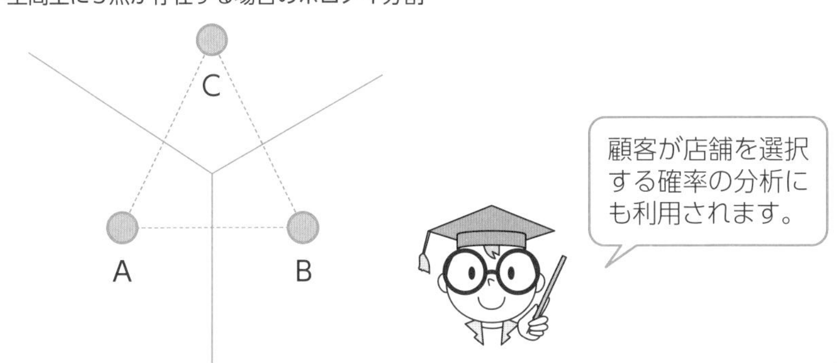

さらに点の数を増やしても、次々に垂直二等分線を引いてその交点を求めれば、ボロノイ分割を行うことができます。

多面体の法則性

オイラーの多面体定理

多面体の面の数、頂点の数、辺の数には法則性があります。実際に実験して確認してみましょう。

多面体とは

三角柱、四角錐などのように平面で囲まれた立体を**多面体**と呼びます。その中でも、「凹み」のない多面体のことを、**凸多面体**と呼びます。凸多面体の「凹みがない」ということは、どの面を拡張してもその面が多面体自身を横切らないと言うことです。

さらに、次のような条件を満たす凸多面体を**正多面体**と呼びます。

①各面が合同な正多角形である
②各頂点に集まる面の数はすべて等しい

オイラーの多面体定理

一般に、凸多面体の頂点、辺、面の数をそれぞれv、e、fとおくと、下記の関係が成り立ちます。この関係のことを、**オイラーの多面体定理**と呼びます。

$$v-e+f=2$$

なぜこのようなことが成り立つのでしょうか？　本書の中でも証明したいところですが、この定理の証明は大学の「グラフ理論」や「離散数学」のようなタイトルの講義で紹介される範囲となるため、本書の範囲を大きく逸脱します。ご興味がある方は、書店で関連しそうな教科書にあたってみることをお勧めします。

不可能立体とは

絵には描くことができても、実際には作ることができない立体図形のことを**不可能立体**と呼びます。いわゆる「だまし絵」ですが、例えば、エッシャーのだまし絵「物見の塔」などは有名です。

坂道錯視

登り坂が下り坂に見えたり、下り坂が登り坂に見えたりすることを「坂道錯視」と呼びます。実際の道路でも、香川県高松市の「おばけ坂」などで知られています。車を運転していると、登り坂に見えていたのに加速したり、下り坂に見えていたのに減速したりするため、注意が必要です。

グラフ理論

グラフ理論とは、大雑把にいえば、点と線を結んでできる網の目の性質に関する数学の一分野です。デカルト座標で表す図形の意味での「グラフ」とは意味が異なるため、注意しましょう。

このグラフ理論ですが、単に幾何学的性質を調べるだけではなく、社会科学への応用も盛んです。例えば、「SNSの友達をたどったら、何人目で自分に戻ってくるか？」という実験は有名です。複数のSNSサービスが発表している実証結果によると、6名程度のユーザを介することで大抵のユーザ同士は繋がっているとされ、この事実は「六次の隔たり」として知られています。日本国内でも、「mixi」の分析が存在します。

出所「mixiのスモールワールド性の検証」https://mixiengineer.hatenablog.com/entry/2008/10643/）

42 ロサンゼルスへの最短航路は?

共通弦を持つ円の円周の長さ

地球儀を見てみると、日本とロサンゼルスの緯度はだいたい同じであることがわかります。ところで、日本とロサンゼルスの距離を測るには、どうしたらよいでしょうか？　高校数学の知識を使って、考えてみましょう。

いろいろな世界地図

世界地図の表現方法として、最も正確なものはいうまでもなく「地球儀」です。しかし、地球儀は立体のため、日常生活で利用するにはやや不向きです。そこで、世界地図を平面で表現する方法が考案されています。ここでは、**正距方位図法**と**メルカトル図法**についてご紹介します。

正距方位図法は、中心からの距離と方位が正しく記され、地球全体が真円で表される図法です。地図上で周辺部の歪みが大きくなるという点に注意が必要です。飛行機の最短航路を表現する際には、通常はこちらの図法を利用します。

メルカトル図法は、内側に鏡のついた円筒を地球儀にかぶせ、その像を（向きを正しくした上で）見る図法です。地図上の各地点から別の地点へ向かう際の角度がわかりやすいため、航海用の地図として古くから利用されてきました。家庭で「世界地図」と言ったときに真っ先に想起されるのは、おそらくメルカトル図法でしょう。

▼メルカトル図法

▼正距方位図法

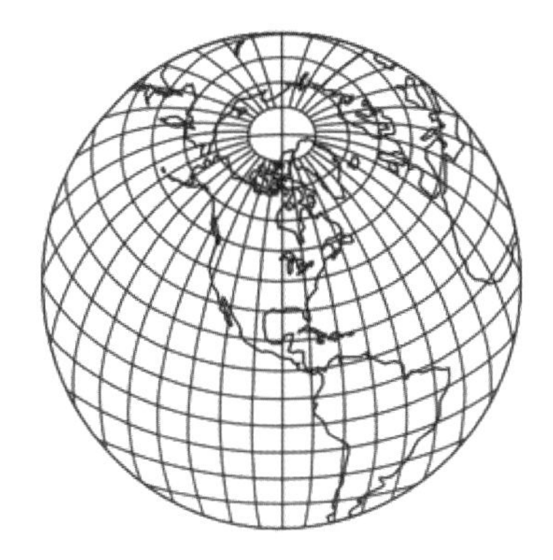

球体の上で長さを測る

地球上の2つの地点の最短航路を考える際に、直感的には、単純にメルカトル図法による地図上で直線を引いて、その長さを測ればよいように感じるかもしれません。しかし、それは誤りです。地球は球体であるため、正しくは、「その2点と円の中心を通るように地球をパックリ2つに割ったときの弧の長さ」が最短距離になります。例えば、大阪とブエノスアイレスの最短距離をメルカトル図法による地図上でざっくり表現すると、下図のようにS字カーブになります。

▼大阪とブエノスアイレスの最短航路

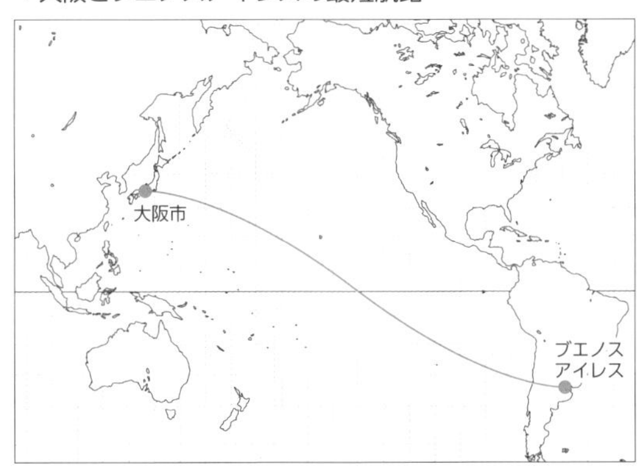

なんだか不思議な感じがしますが、このように、球面のように歪んだ座標上の図形で起こる出来事を平面で記述すると日常生活的な直感に照らして少し意外な印象を持つことは多いです。

東京とロサンゼルスの間の距離

地球儀の上で、ロサンゼルスと東京の緯度はだいたい同じ位置にあります。東京は北緯36度、ロサンゼルスは北緯34度です。

実際に、東京とロサンゼルスの間の最短航路を計算してみましょう。地球の半径は、約6,400kmであることが知られています。これに対して、東京からロサンゼルスの緯度を同じ北緯35度と仮定すると、下図から、東京とロサンゼルスを結ぶ円の半径の長さがわかります。図から、東京とロサンゼルスを結ぶ円の半径は $6400 \times \cos 35°$ です。よって、東京とロサンゼルスを結ぶ円の円周は、直径に対して円周率を掛けて、$2 \times 6400 \times \cos 35° \times \pi$ (km) となります。

▼地球の断面に対してcos35°を示す図

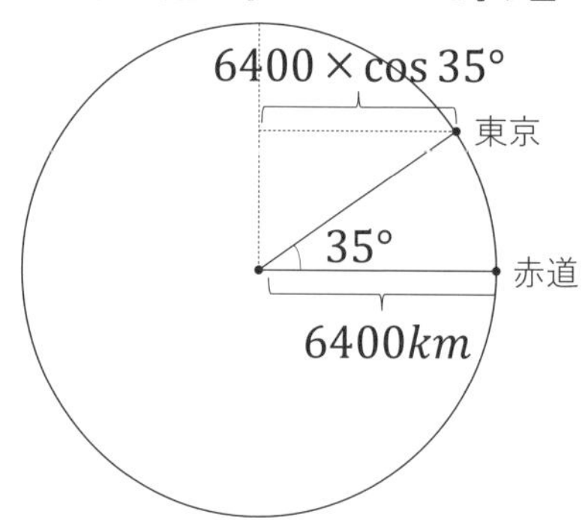

あとは、東京とロサンゼルスの間の角度がわかれば、最短航路が求められます。角度は、今回の場合、経度を考えれば計算することができます。東京の経度は東経140度、ロサンゼルスの経度は西経118度です。このとき、経度の差は $360 - 140 - 118 = 102$ 度です。先ほどの断面の直径からこの分の割合だけ切り出せばよいですから、東京からロサンゼルスへの最短航路は、下記のようになります。

$$2 \times 6400 \times \cos 35° \times \pi \times \frac{102}{360} \text{ (km)}$$

$\cos 35°$ の値は、0.8くらいです。この前提で計算してみると、東京とロサンゼルスの間の距離は約9,000kmであることがわかります。

このように、高校数学の知識を活用すれば、地球上の2つの地点の距離を求めることができます。

はとめ返しの不思議

角度と平行四辺形

どんな四角形に対しても4分割して再構成することによって平行四辺形を作ることができます。実際に手を動かして、平行四辺形を作図してみましょう。

はとめ返しとは

この節では、**はとめ返し**について、図解で説明します。まず、適当な四角形を描き、その四角形の各辺の中点を書き込みます。次に、向かい合う辺同士の中点を結ぶ直線を引き、四角形を4つに分割します。このとき、最初の四角形をばらばらにしてできた4つのパーツをうまく並べ替えると、平行四辺形を作ることができます。これを「はとめ返し」と呼びます。

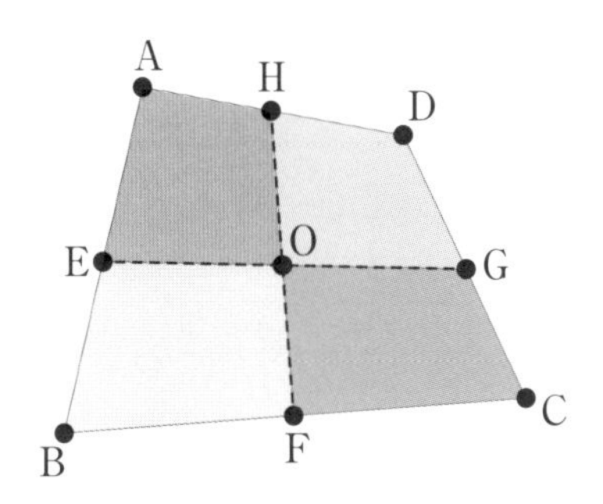

再構成のヒントは、平行四辺形の「向かい合う角の大きさが等しい」という性質です。これを満たすように並べ替えれば、どんな四角形でも平行四辺形に再構成できます。実際、今回の場合は、「中点同士を結ぶ2つの直線がなす交点でできる向かい合う角同士が、平行四辺形の4つの頂点になるようにすること」に注意して再構成すれば、必ず平行四辺形を作ることができます。

はとめ返しをやってみよう

実際には、どのような操作を行えば「はとめ返し」ができるでしょうか？　図を眺めるよりも、一度お手元で紙、ペン、定規、はさみを準備して、実際に作図して動かしてみると理解が深まります。ぜひ道具を準備して、まずはご自身でいろいろと試してみましょう。

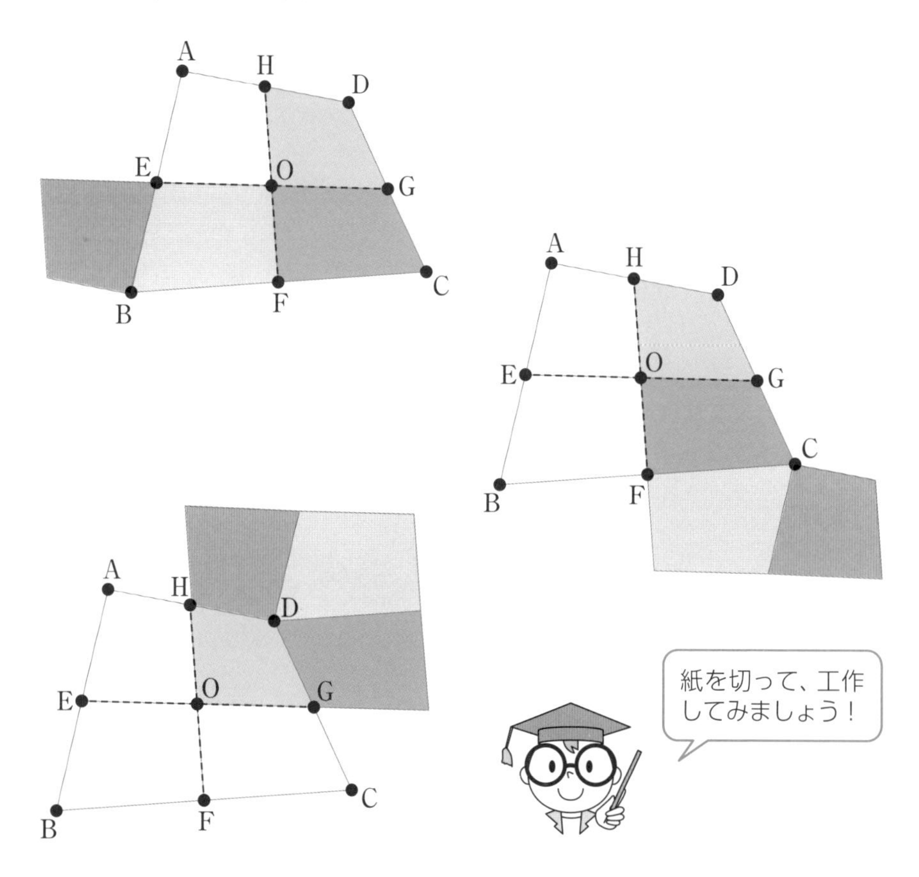

法則性が見えてきたでしょうか？　上記のように各パーツをくるくると回転させることによって、平行四辺形のルールを満たすことができます。結果的に、四角形の向かい合う角が等しくなり、平行四辺形の条件に当てはまっていることがわかります。バラバラにしたパーツ同士がはみ出ずにくっつくのは、最初の四角形の中点で分割しているからですね。

第3章

数学2

この章では「図形と方程式」および「三角関数」「指数関数と対数関数」について学びます。これまでの章で関わりの薄かった図形と関数（方程式）の関係が、少しずつくっきりと見えてきます。

クラウディオス・プトレマイオス（83?～168?年）

ジョン・ネイピア（1550～1617年）

解と係数の関係と因数定理

因数定理、3次方程式の解と係数の関係

２次方程式$ax^2+bx+c=0$がどんなものであるかは係数a, b, cから決まります。方程式の解がどんなものであるかも、係数からある程度はわかります。

解と係数の関係

２次方程式$ax^2+bx+c=0$の解がα, βであるとします。このとき、

$$\alpha+\beta=-\frac{b}{a},\qquad \alpha\beta=\frac{c}{a}$$

のふたつが成り立つ、というのが**解と係数の関係**です。例えば、２次方程式$x^2-5x+6=0$の解は2と3ですが、

$$2+3=5=\frac{-(-5)}{1},\qquad 2\times3=6=\frac{6}{1}$$

と解と係数の関係が成り立っています。

実際に、

$$\alpha=\frac{-b+\sqrt{b^2-4ac}}{2a},\qquad \beta=\frac{-b-\sqrt{b^2-4ac}}{2a}$$

として計算してみると、

$$\alpha+\beta=\frac{-b+\sqrt{b^2-4ac}-b-\sqrt{b^2-4ac}}{2a}=\frac{-2b}{2a}=-\frac{b}{a}$$

$$\alpha\beta=\frac{\left(-b+\sqrt{b^2-4ac}\right)\left(-b-\sqrt{b^2-4ac}\right)}{(2a)^2}=\frac{b^2-(b^2-4ac)}{4a^2}=\frac{4ac}{4a^2}=\frac{c}{a}$$

と解と係数の関係が成り立っていることがわかります。$\alpha\beta$の式変形では、

$$(a+b)(a-b)=a^2-b^2$$

であることを利用して、

$$\left(-b+\sqrt{b^2-4ac}\right)\left(-b-\sqrt{b^2-4ac}\right)=(-b)^2-\left(\sqrt{b^2-4ac}\right)^2$$

と計算しています。

因数定理

解と係数の関係は因数定理からも証明することができます。**因数定理**とは、「多項式$f(x)$が$(x-a)$で割り切れることと$f(a)=0$であることは同値」であるという定理です。多項式$f(x)=x^2-5x+6$は$x^2-5x+6=(x-2)(x-3)$と分解できるため$(x-2)$と$(x-3)$で「割り切れ」ますし、

$$f(2)=2^2-5\times2+6=4-10+6=0$$
$$f(3)=3^2-5\times3+6=9-15+6=0$$

と計算できますね。これは方程式$f(x)=0$、つまり$x^2-5x+6=0$の解が2と3であることも意味します。

2次方程式$ax^2+bx+c=0$の解がα,βであるとき、因数定理よりax^2+bx+cが$(x-\alpha)$と$(x-\beta)$で割り切れるため、

$$ax^2+bx+c=a(x-\alpha)(x-\beta)$$

と分解できます。2次方程式なので$a\neq0$と考えてよく、両辺aで割ると

$$x^2+\frac{b}{a}x+\frac{c}{a}=(x-\alpha)(x-\beta)=x^2-(\alpha+\beta)x+\alpha\beta$$

と計算できます。両辺の係数を見比べると、解と係数の関係が得られます。

3次方程式の解と係数の関係

3次方程式の係数からも、解がどんなものであるかがある程度わかります。

3次方程式$ax^3+bx^2+cx+d=0$の解をα, β, γとすると、

$$\alpha+\beta+\gamma=-\frac{b}{a}$$

$$\alpha\beta+\beta\gamma+\gamma\alpha=\frac{c}{a}$$

$$\alpha\beta\gamma=-\frac{d}{a}$$

が成り立ちます。4次以上の方程式に対しても、どんどん複雑な式にはなっていきますが同じように解と係数の関係を考えることができます。

ベクトルでデータを表す

統計モデルにデータを読み込ませる際など、データはしばしばベクトルとして扱われます。例えば、5人の試験の点数が10, 3, 6, 8, 9であった場合、これを(10, 3, 6, 8, 9)というベクトルで表現すれば足したり定数倍したりといった操作がしやすくなり便利です。画像データは縦横に色のついた正方形が敷き詰められてできていますが、この1行目の色をまず横に並べ、続いて2行目の色を横に並べ……と無理矢理1行のベクトルにしてしまってから深層学習モデルに読み込ませる、ということがよく行われています。

「パスカルの三角形」って何?

二項定理、場合の数、加法律、吸収律

第1章では分配法則を用いて項が2つある式、$a+b$を、2乗、3乗するとどのようになるかを確認しました。ではさらにこの式を、4乗、5乗、…としていくとどのようになるのでしょうか？　数学ではこのように特定の場合についての考察をそれ以外の場合にまで広げて「一般化」していく場面が多く存在します。個別の「答」を求めて満足するのではなく、その裏にある「本質」を探っていくのです。このような姿勢は、「学問」において繰り返し現れる重要なものです。古来より数学が高等教育で重要視されてきたのは、数学が学問の基本となる姿勢を鍛える場でもあったからなのです。

パスカルの三角形

$(a+b)^2$、$(a+b)^3$の公式を導く過程を振り返って$(a+b)^n$（nはすべての自然数）がどのような形になるかを考えてみましょう。このとき、大事な視点は、ある文字について降べきの順に整理し、各項の係数に注目することです。

$(a+b)^2$は次のようにして求めました。

$$
\begin{aligned}
(a+b)^2 &= (a+b)\times(a+b)\\
&= a^2+ab\\
&\qquad +ba+b^2\\
&= a^2+2ab+b^2
\end{aligned}
$$

1次式$a+b$を2回かけるので、結果の式はa, bについての2次式になっていますね。そしてaについて降べきの順に整理していることもわかります。すると、元の$a+b$の項ごとの係数(1, 1)が1つずつずれて(1, 2, 1)になっていることがわかります。

$a+b$の係数　→　1　1
1つずれる　→　　1　1
その和が新しい係数　→　1　2　1　($a^2+2ab+b^2$の係数)

このとき、真ん中の2は元の$a+b$の係数の隣り合った係数同士の和になっています。

$(a+b)^3$は次のようになりました。

$$
\begin{aligned}
(a+b)^3 &= a\times\left(a^2+2ab+b^2\right)+b\times\left(a^2+2ab+b^2\right)\\
&= a^3+2a^2b+ab^2\\
&\quad\quad + a^2b+2ab^2+b^3\\
&= a^3+3a^2b+3ab^2+b^3
\end{aligned}
$$

これを同様に、係数を抜き出してみると次のようになります。

$a^2+2ab+b^2$の係数	→	1	2	1		
1つずれる	→		1	2	1	
その和が新しい係数	→	1	3	3	1	($a^3+3a^2b+3ab^2+b^3$の係数)

左から2番目のa^2bの係数（薄いグレー）は、元の$a^2+2ab+b^2$の隣り合った項の係数2（濃いグレー）と1（薄い色）の和です。同様に3番目のab^2の係数（グレー）は、やはり元の$a^2+2ab+b^2$の隣り合った項の係数2（濃いグレー）と1（薄い色）の和です。

すると同様にして$(a+b)^4$の降べきの順に並べたときの係数も求められますね。

$$
\begin{aligned}
(a+b)^4 &= a\times\left(a^3+3a^2b+3ab^2+b^3\right)+b\times\left(a^3+3a^2b+3ab^2+b^3\right)\\
&= a^4+3a^3b+3a^2b^2+ab^3\\
&\quad\quad + a^3b+3a^2b^2+3ab^3+b^4\\
&= a^4+4a^3b+6a^2b^2+4ab^3+b^4
\end{aligned}
$$

$a^3+3a^2b+3ab^2+b^3$の係数	→	1	3	3	1	
1つずれる	→		1	3	3	1
$(a+b)^4$の係数	→	1	4	6	4	1

このように、$(a+b)$をかけるごとに、元の式の隣り合った項の係数が足されて新しい係数になることが観察できます。すると同様にして$(a+b)^5$, $(a+b)^6$, …の展開したときの式が求められますね。これを次の図1のように示すとわかりやすくなります。

▼図1

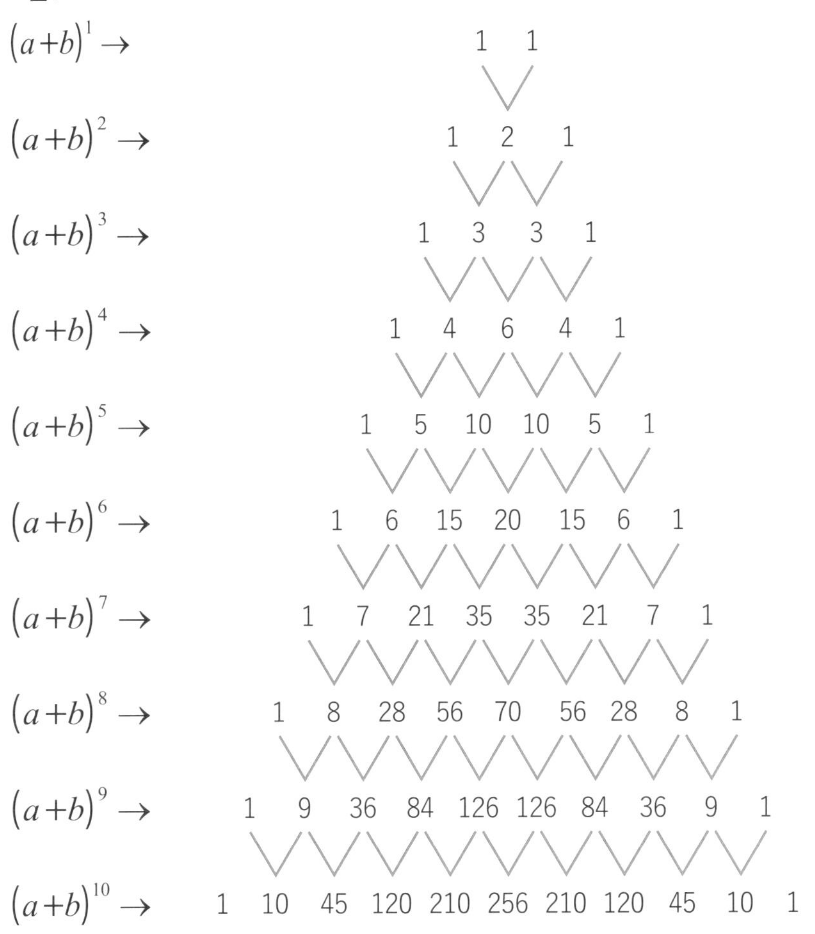

上の段の隣り合った係数を加えると、それが下の段の新しい係数になっています。するとこの数の並びは$(a+b)^n$の係数に順になっていることになります。この数の並びを**パスカルの三角形**といいます。

道順の問題とパスカルの三角形

中学入試などで出題される次の図のような道順の問題を解くときに次のような解法があります。

問題：A地点からP地点までの最短経路の数を求めなさい。

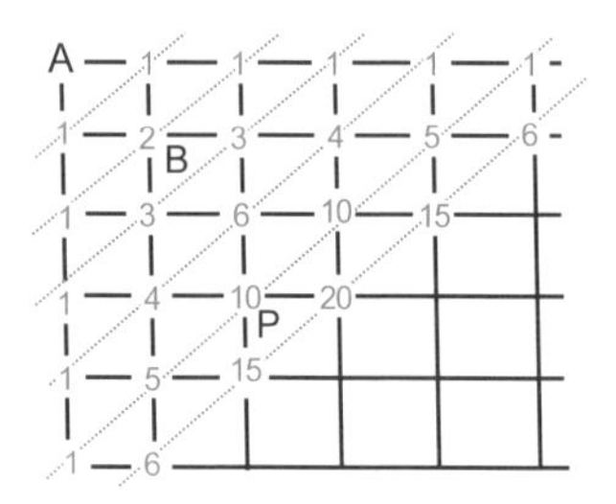

解法：A地点からP地点に行くまでの各交差点に、そこに辿り着くまでの経路の数を書き込んでいく。たとえばA地点からは右と下の交差点にいく行き方は1通りずつなので、1を書き込む。B地点では左側からと上側の交差点からいくことができるので1+1=2通りの行き方があるので2を書き込む。同様にして書き込んでいくと図のP地点までの行き方は4+6=10通りとわかる。

ブレーズ・パスカル（1623～1662年）

パスカルは「人間は考える葦である」（「パンセ」）などで知られる17世紀のフランスの哲学者ですが哲学だけでなく自然科学の領域でも様々な業績を残しています。天気予報の番組に出てくる気圧の単位「ヘクトパスカル（hPa）」も彼に由来しています。これは彼が「密閉された気体や液体などに圧力を加えると均等に圧力が加わる」という法則（パスカルの法則）を発見した功績によるものです。パスカルの三角形は彼の数学分野での功績の1つですが、この三角形自体は彼以前にインドや中国の古い文献の中で扱われています。

さて、この図を色の点線の方向で見るとパスカルの三角形の並びが表れていることに気づきませんか？　これは何かの偶然でしょうか？

次のように考えると、このことは説明がつきます。

例えば$(a+b)^5$を展開したときのa^3b^2の係数がどうなるかを考えてみます。

$(a+b)^5$は$(a+b)$を5回かけたものです。この括弧の部分に順に❶〜❺の番号をつけておきます。分配法則を使ってこの括弧を外して行くとき、❶〜❺の括弧のそれぞれからaかbのどちらかを選んで掛けていくことになります。例えば❶❷❸でaを選び、❹❺でbを選ぶとa^3b^2という項ができます。しかし、他にもa^3b^2という項ができるような括弧の選び方がありますね。❶❷でbを選び残りでaを選んでもできます。すると、a^3b^2という項は、結局いくつできるでしょうか？

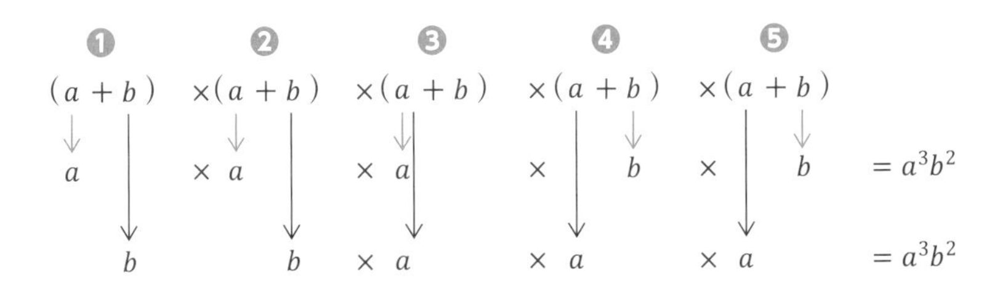

a^3b^2という項は、3つの括弧でa、2つの括弧でbを選ぶという選び方の数だけできます。これをbの方の選び方（bを選べば残りはaで決まりますからbの選び方だけ考えれば十分です）で数えてみると、**5つの括弧から2つの括弧を選ぶ選び方**（…❶）となります。これがa^3b^2の係数になるわけです。

これを先程の道順の問題に戻って考えてみましょう。

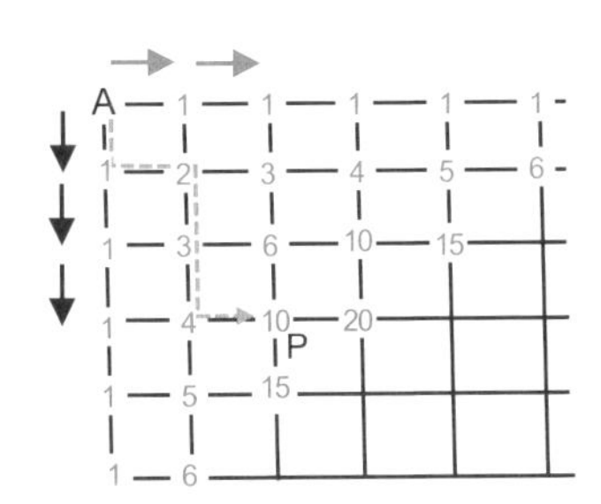

AからPに至るにはAを含めて交差点を5回通過します。その5つの交差点では右か下かのいずれかを選んで進むことになります。上の図のように右に2回、

下に3回進むとPに到達しますから、Pへの道順の数は**5つの交差点のうちどの2つで右に進むかを選ぶ選び方**(…❷)となります。

❶と❷は「異なる5つのものから2つを選ぶ選び方」ですから一致していますね。このように、$(a+b)^n$の係数の並びは、「何通りあるか」という「場合の数」と繋がっていたのです。

二項定理

並べる順番を考えに入れずに取り出して1組としたものを組合せといい、n個の異なるものから、r個のものを取り出した組合せの数を、高校数学では

$$_nC_r$$

という記号で表しました。上の場合でいうと、「5つの括弧から2つの括弧を選ぶ選び方」「5つの交差点でどの2つで右に進むかを選ぶ選び方」は共に

$$_5C_2$$

で表されます。また、その計算の仕方は次の式で与えられます。*

$$_nC_r = \frac{\overbrace{n \times (n-1) \times \cdots \times (n-r+1)}^{r\text{個}}}{r \times (r-1) \times (r-2) \times \cdots \times 1}$$

ですから、

$$_5C_2 = \frac{5 \times 4}{2 \times 1} = 10$$

となります(確かに先の結果と一致しています)。
したがって、パスカルの三角形は実はこの$_nC_r$の並びでもあったのです。

*Cは組合せ=Combinationの頭文字に由来します。

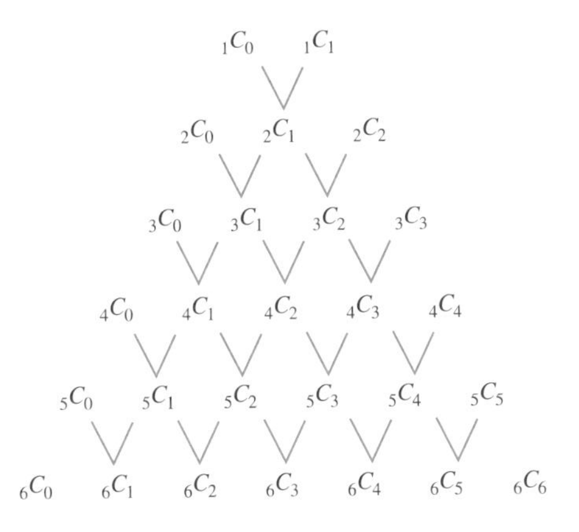

この意味で、$_nC_r$は、**二項係数**ともいわれます。
また、このことを数式で表すと次のようになります。

$$(a+b)^n = {}_nC_0a^n + {}_nC_1a^{n-1}b + {}_nC_2a^{n-2}b^2 + \cdots + {}_nC_ra^{n-r}b^r + \cdots + {}_nC_nb^n$$

この式のことを**二項定理**といいます。

シェルピンスキーの三角形

パスカルの三角形に現れる数を、奇数、偶数で色分けしてみます。すると次のような図形が現れます。

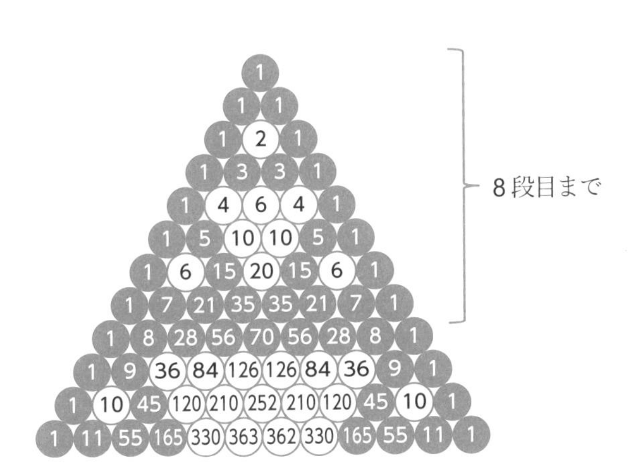

これをもっと続けてみた（33段目まで）のが次の図です。

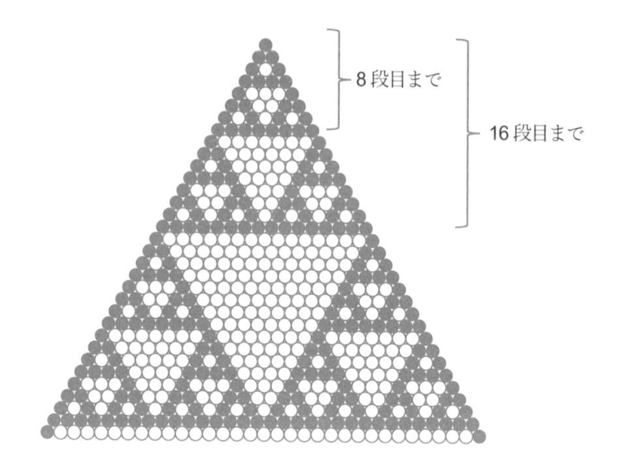

さらに65段目まで続けてみたのが次の図です。

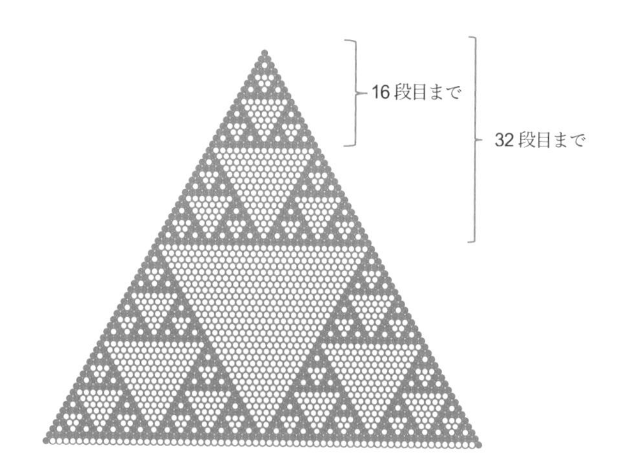

同じ形をした模様が大きさを変えて繰り返し現れています。このように図形を分割したときにその部分が全体と相似な図形が再び現れる（自己相似性といいます）図形を**フラクタル**といいます。そしてこのパスカルの三角形に現れるフラクタルは**シェルピンスキーの三角形**（シェルピンスキーのガスケット）と呼ばれています。フラクタルはリアス式海岸の海岸線や雲の形、銀河の構造、血管など自然界の様々な場所に現れます。右のロマネスコ（野菜）もその一例です。他にも経済学など様々な学問分野でフラクタルは研究され、利用されていますが、そのシンプルなモデルがパスカルの三角形の中に現れているのです。

練習問題

練習問題1

二項係数${}_nC_r$については次のような公式が成り立ちます。

$$ {}_nC_r = {}_{n-1}C_{r-1} + {}_{n-1}C_r $$

(1) パスカルの三角形でこの式は何を表しているでしょうか？

(2) 次の図はこの公式の説明になっています。どのように説明できているでしょうか？　考えてみましょう。

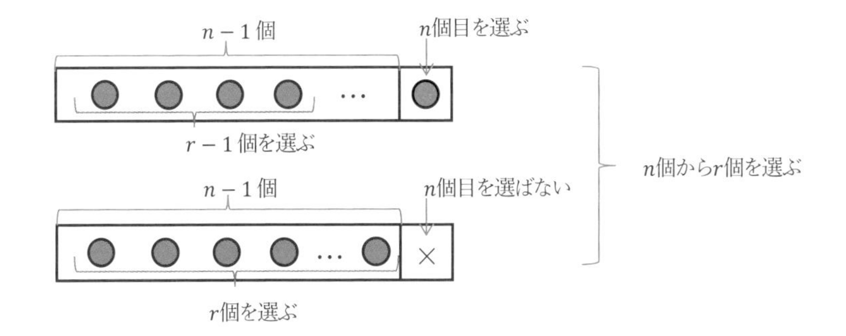

練習問題2

パスカルの三角形の中の3の倍数かそうでないかで色分けするとどのような図形が現れるでしょうか？　5の倍数ではどうでしょうか？

解答・解説

●（練習問題１）

(1) パスカルの三角形のn段目の左からr番目の数は、1つ上の$n-1$段目の左から$r-1$番目と、左からr番目の数の和である、ということを表しています。

(2) n個からr個を選ぶ選び方は、「最後のn番目を選ぶ(i)」か、「最後のn番目を選ばない(ii)」かの２通りに分けられます。(i)の場合は残りの$n-1$個の中から$r-1$個を選ぶことになるので、その場合の数は、${}_{n-1}C_{r-1}$通りとなります。(ii)の場合は残りの$n-1$個の中からr個を選ぶことになるので、その場合の数は、${}_{n-1}C_r$通りとなります。

(i)のケースと(ii)のケースを合わせたものが、n個からr個を選ぶ選び方${}_nC_r$ですから、

$$
{}_nC_r = {}_{n-1}C_{r-1} + {}_{n-1}C_r
$$

が成り立つことがわかります。

●（練習問題２）

次のような図形が現れます。

▼３の倍数

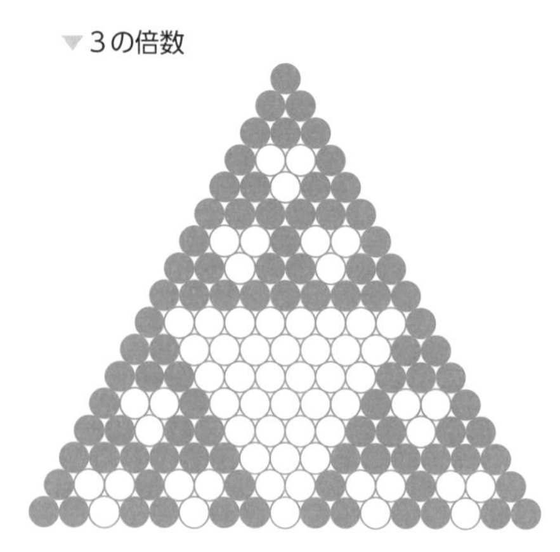

▼５の倍数

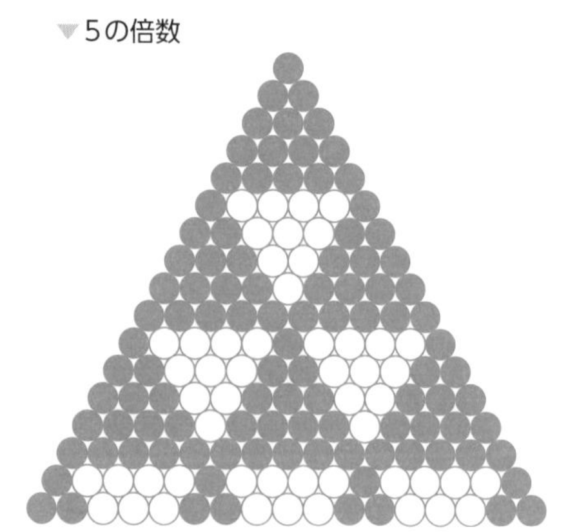

ふたりひと組の数

虚数、複素数

これまでに扱ってきた数は実数ですが、数学では実数以外の数も扱います。高校数学では、虚数および複素数が扱われます。

虚数

2次方程式の解の公式

$$x = \frac{-b \pm \sqrt{b^2 - 4ac}}{2a}$$

では、判別式（根号の中身）$D = b^2 - 4ac$が負であれば「解なし」としていました。このような、根号の中身が負になるような数、すなわち

$$i^2 < 0$$

となるようなiは実数の中にはありません。しかし、数学というのは自由な学問です。ないなら作ってしまえばいいのです。iを

$$i^2 = -1$$

となるような数とします。$i = \sqrt{-1}$としても$i = -\sqrt{-1}$としてもいいのですが、大抵の場合はシンプルな$\sqrt{-1}$をiとします。このiを**虚数単位**といい、iに実数を掛けたxiを**虚数**といいます。例えば、

$$i, 2i, \frac{1}{2}i, 0.007i, -6i$$

などが虚数です。

実数、虚数という名前のせいか、「実数は存在する数で虚数は存在しない数」という誤解が多いようですが、虚数は物理学の計算で頻繁に現れるほど現実世界と密接に関わるものです。そういう意味ではこの世界に「存在する」数ですし、1や2という数そのものがどこかに触れられる形で置いてあるというわけでも

ないという意味で、実数も虚数も想像上の「存在しない」数といえます。

複素数

これで我々は実数と虚数というふたつの数を手に入れたわけですが、例えば

$$2+\sqrt{-3}$$

のような数はどう扱えばよいのでしょうか。最初の項2は実数ですし、ふたつめの項 $\sqrt{-3}=\sqrt{3}\sqrt{-1}=\sqrt{3}i$ は虚数です。実数と虚数が混ざった状態で四則演算ができるような数が欲しくなってくるわけですが、本節冒頭で述べましたように、ないなら作ってしまえばよいのです。

実数 x と虚数 yi を足し合わせた数 $x+yi$ を**複素数**といいます。これは $x=0$ のとき虚数となり、$y=0$ のとき実数となるため、実数と虚数を拡張した数といえます。逆に、実数と虚数は複素数の一種であるということもできます。複素数 $x+yi$ の実数部分 x を**実部**といい、虚数部分 yi の係数 y を**虚部**または**虚係数**といいます。

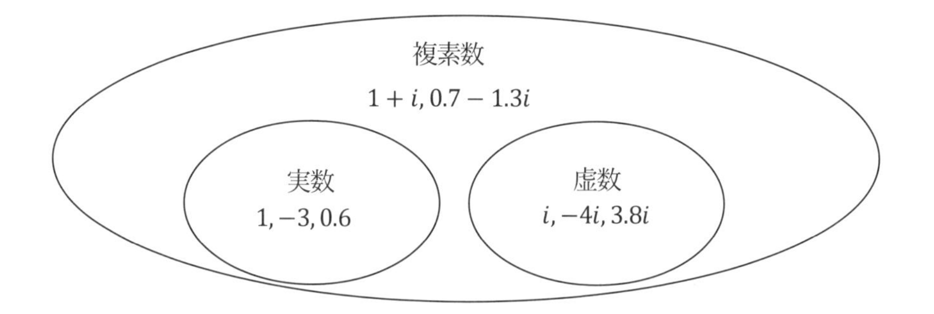

複素数より上はあるの？

実数と虚数を拡張したのが複素数なら、その複素数をさらに拡張したものはあるのでしょうか？　複素数は実部と虚部でふたりひと組の数でしたが、もっとひと組の数を増やした**四元数**（しげんすう）と**八元数**（はちげんすう）もあります。8より増やすと数学的に面白い性質がなくなってしまうため、これより増やすことはあまりありません。

用語のおさらい

虚数　2乗すると−1になる虚数単位 i に実数を掛けた数。

複素数　実数と虚数を足し合わせた数。

図形を数式で表すには

直線と円の方程式

直線や円のような図形は、数式で表現できます。ここでご紹介する事項は今後も断りなく登場するごく基本的な事項となるため、ぜひ覚えておきましょう。

図形の方程式

様々な図形を数式を用いて表現することができます。今回は、座標の中で、直線と円の方程式がそれぞれどのように表されるのか確認していきましょう。

直線の方程式

直線の方程式は、一次方程式の形で表されます。このことは中学生の時からよく親しんでおり、日常生活でもよく目にするという方も多いかもしれません。例えば、定数とを用いて、直線の方程式は下記のように表されます。

$$y = ax + b$$

この時のグラフは、下記のようなイメージです。

▼直線の方程式のグラフ（$a>0$の場合）

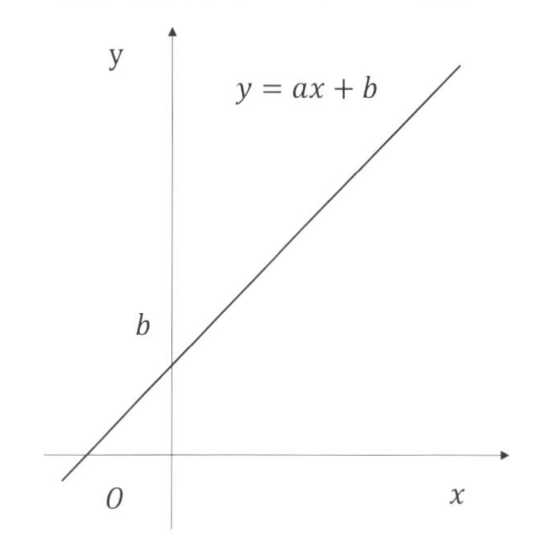

グラフ上で、aは直線の傾きを表し、bは直線の切片を表します。

(同じことではあるのですが) 直線の方程式の別の書き方として、定数l、m、nを用いて、下記のようにも表されます。

$$0 = lx + my + n$$

ただし、$l \neq 0$または$m \neq 0$です。今後は、直線の方程式に関しては、上記のような表し方の方が便利なことが多いため、覚えておきましょう。

直線と直交する直線の傾き

ところで、互いに直交する直線の傾きに関して、「互いの傾きの積が−1になる」という性質があります。このことは今後の学習でも頻繁に登場するため、三平方の定理を利用した証明を通じて確認しておきましょう。下記のように原点を通る2つの直線を考えます。

$$\begin{cases} y = mx \\ y = m'x \end{cases}$$

▼直交する二つの直線による直角三角形の図

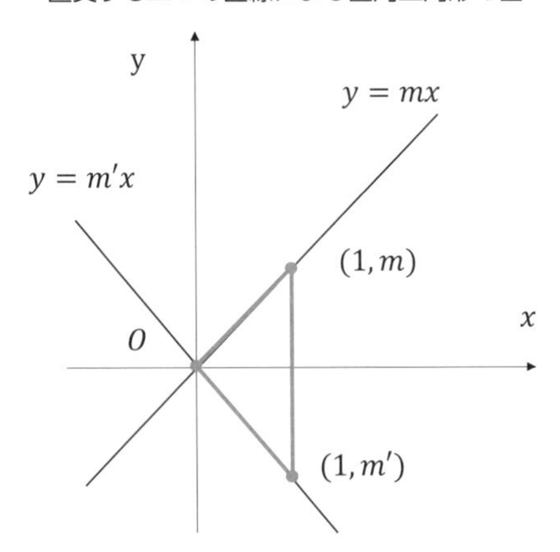

上図の直角三角形における三平方の定理から、下記が成り立ちます。

$$(1 + m^2) + (1 + m'^2) = (m - m')^2$$

あとはこれを整理すれば、直ちに$mm'=-1$を得ます。上記では簡単のため原点を通る直線を例としましたが、当然ながら並行移動しても同様の式になるため、$mm'=-1$は一般的な結果であることがわかります。

円の方程式

円の方程式は、定数a、b、rを用いて、下記のような形で表されます。

$$(x-a)^2+(y-b)^2=r^2$$

ここで、この円の中心は(a,b)で、半径は定数rです。

▼円の方程式のグラフ

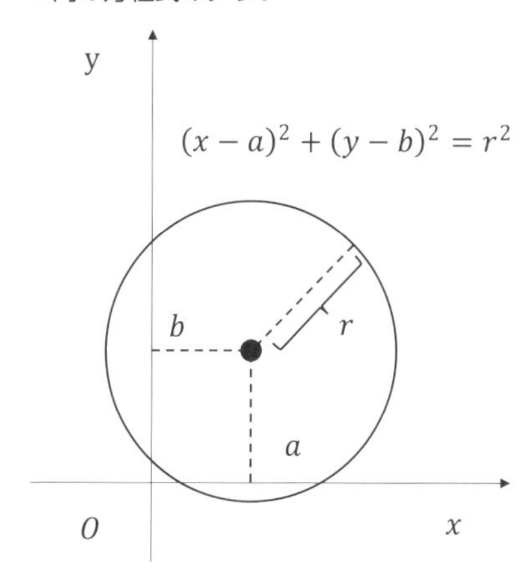

以上のようにして、様々な方程式に対応するグラフの形を確認してきました。そのほかにも様々なグラフの形があります。今後の数学の学びを通じて、様々な方程式に対応する代表的な図形を見ていくことになるかと思います。

基本的な図形を上記で押さえておきましょう。

円が直線に接するとき

点と直線の距離の公式

座標上の点と直線の距離について、公式が知られています。今回は、単純に座標上での距離を計算する方法で証明を追ってみましょう。この公式を利用して、座標上の円と直線の交点の数を調べることができます。

点と直線の距離の公式

xy 座標上の点 $P(x_1,\ y_1)$ と直線 $l: ax+by+c=0$ について、点 P と直線 l の距離 d を導く公式は、下記のように表されます。

$$d = \frac{|ax_1 + by_1 + c|}{\sqrt{a^2 + b^2}} \quad \cdots\cdots❶$$

定期テストが控えている場合は暗記しておいた方が時間を節約できますが、そうではない場合は特に覚える必要のない公式です。いつでも公式を導出できるように、なぜこの式が成り立つのか、証明を確認しておきましょう。

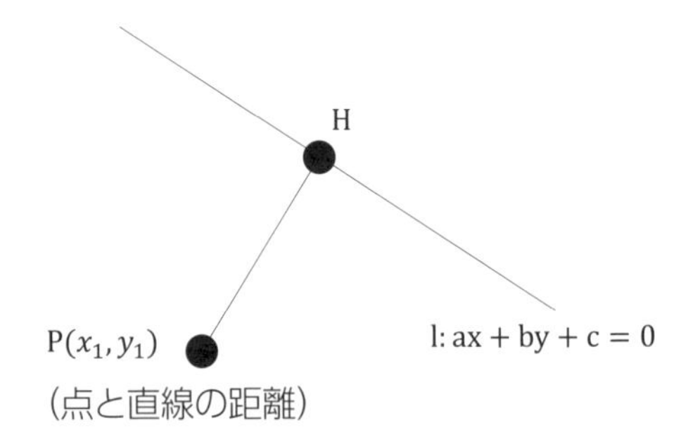

（点と直線の距離）

上の図において、点 P から直線 l におろした垂線を PH とすると、線分 PH が点 P と直線 l の距離を表します。

まずは、点 P が原点 $O(0,\ 0)$ に一致する場合を考えます。このとき、原点を通り直線 l と直角に交わる直線の方程式は、下記のように表せます。

$$bx - ay = 0$$

これと直線lの交点(x_0, y_0)を計算すると、下記のようになります。

$$x_0 = -\frac{ac}{a^2 + b^2}$$

$$y_0 = -\frac{bc}{a^2 + b^2}$$

よって、原点Oと直線lの距離は、下記のように表されます。

$$\sqrt{x_0^2 + y_0^2} = \frac{|c|}{\sqrt{a^2 + b^2}} \quad \cdots\cdots❷$$

次に、点$P(x_1, y_1)$と直線lの距離について考えます。点Pと直線lを、点Pが原点に一致するように移動すれば、上記の計算をそのまま適用できます。直線lの方程式は、下記のように移動されます。

$$a\{x - (-x_1)\} + b\{y - (-y_1)\} + c = 0$$

すなわち、

$$ax + by + (ax_1 + by_1 + c) = 0$$

これは、❷式でcの値を$(ax_1 + by_1 + c)$に置き換えたものに他なりません。よって、点Pと直線lの距離dを導く公式❶が示されました。

他にも、点と直線の距離の公式の証明として、本書の後段でも紹介する「ベクトル」を利用する方法などが知られています。

円と直線の交点の数

点と直線の距離の公式を応用して、円の中心と直線の距離を考えることで、円と直線の交点の数を考えることができます。考え方は簡単で、下記のような3つのパターンで網羅されます。

①円の半径よりも円の中心から直線までの距離が離れていれば、円と直線は交わっていない。

②円の半径よりも円の中心から直線までの距離が近ければ、円と直線は2点で交わっている。

③円の半径と円の中心から直線までの距離が等しければ、円と直線は接している（1点で交わっている）。

実際に例題を検討してみましょう。下記のように円と直線の方程式があるとします。

$$(x-2)^2+(y-3)^2=16$$
$$5x-y+7=0$$

このとき、円の中心$(2, 3)$から直線$5x-y+7=0$までの距離dは、下記のように表されます。

$$d=\frac{|5\times 2+(-1)\times 3+7|}{\sqrt{5^2+(-1)^2}}=\frac{14}{\sqrt{26}}$$

ここで、ルートの計算が出てきたので、大小関係を示す必要があります。$5^2<26<6^2$であることから、$5<\sqrt{26}<6$が成り立つことに注目します。これによって、dの大きさに関して、下記のことがわかります。

$$\frac{1}{6}<\frac{1}{\sqrt{26}}<\frac{1}{5}$$

すなわち、

$$\frac{14}{6}(=2.333\ldots)<\frac{14}{\sqrt{26}}<\frac{14}{5}(=2.8)$$

したがって、円の中心から直線までの距離dは、円の半径4よりも小さいので、この円と直線は2点で交わっていることがわかります。

以上のようにして、円と直線の交点の数について調べることができました。この方法以外にも、13節で紹介しました「判別式」を用いて円と直線の交点を調べることもできます。

円の交点を通る円

直線束と円束

束とは、複数の曲線があるときに、それらの交点を通る図形たちのことです。実際に、束に関する例題を通じて直線束と円束について確認しましょう。

束とは

実数sとtがあるときに、関数$f(x,y)$と$g(x,y)$を用いた方程式$sf(x,y)+tg(x,y)=0$が表す図形は、$f(x,y)$が表す図形と$g(x,y)$が表す図形の交点を通ります。この交点の通過領域を**束**(そく)と呼びます。より大雑把に説明すれば、束とは、複数の曲線があるときにそれらの交点を通る図形のことです。

特に、関数$f(x,y)$と関数$g(x,y)$がそれぞれ直線である場合を**直線束**と呼びます。また、関数$f(x,y)$と関数$g(x,y)$がそれぞれ円である場合を**円束**と呼びます。以降で、具体的な例題に触れながら束について考えていきましょう。

直線束に関する例題

下記のように2つの関数があるとします。

$$f(x,y)=2x+y+3$$
$$g(x,y)=x-y+2$$

実数sと実数tがあるときに、これらの関数による直線束$sf(x,y)+tg(x,y)=0$の中で、点$P(0,1)$を通る直線の式を求めてみましょう。

この問題の場合、実は単純に$f(x,y)=0$が表す図形と$g(x,y)=0$が表す図形の交点を求めて、点$P(0,1)$と結べば良いのですが、束の考え方の練習として取り組んでみましょう。

方程式$sf(x,y)+tg(x,y)=0$が点$P(0,1)$を通るので、この値を代入します。すると、下記のようになります。

$$4s+t=0$$

これに対し、$s=t=0$以外の解を見つければ良いです。例えば、$s=-1$、$t=4$

とすれば、下記の直線を得ます。

$$-f(x,y)+4g(x,y)=0$$

すなわち、求める直線の方程式は下記です。

$$2x-5y+5=0$$

このようにして、直線の連立方程式を解かなくても、束の中から目的の直線を取り出すことができました。

円束

束の考え方は、任意の曲線に対して適用可能です。直線束ではあまりにも簡単だったため、ありがたみが薄いですが、円のような複雑な図形ではより威力を発揮します。

下記のように2つの関数があるとします。

$$f(x,y)=x^2+y^2-4$$
$$g(x,y)=x^2-2x+y^2-6y+1$$

実数sとtがあるときに、これらの関数による円束$sf(x,y)+tg(x,y)=0$の中で、点$P(0,1)$を通る曲線の式を求めてみましょう。

方程式$sf(x,y)+tg(x,y)=0$が点$P(0,1)$を通るので、この値を代入します。すると、下記のようになります。

$$3s+4t=0$$

これに対し、$s=t=0$以外の解を見つければ良いです。例えば、$s=4$、$t=-3$とすれば、下記のようになります。

$$4f(x,y)-3g(x,y)=0$$

すなわち、求める曲線の方程式は下記です。

$$x^2+y^2+6x+18y-19=0$$

少し変形すると、この曲線は、下記のように整理されることがわかります。これは、中心が$(-3,-9)$、半径が$\sqrt{109}$の円です。

$$(x+3)^2+(y+9)^2=109$$

このようにして、円に関する連立方程式を解かなくても、束の中から目的の曲線を取り出すことができました。

円束のように、二次以上の項が増えてくると、連立方程式を解いて交点を求めるような計算手順が煩雑になってきます。束の考え方を用いることで、見通しよく問題に取り組むことが可能です。

経営組織のシミュレーション

会社で、「もっとこんな体制の組織になったら良い会社になるのに」とか、「なぜ、うちの会社はこのような意思決定をするのだろう」といった考えを抱いたことはあるでしょうか。「マルチエージェントシミュレーション」と呼ばれる技術を利用して、このような問いを研究することができます。

マルチエージェントシミュレーションは、多くの「エージェント」と呼ばれるプログラムされたキャラクターを用いて、組織内の様々なシナリオを仮想的に再現します。例えば、コーエンらは「ゴミ箱モデル」を提案し、組織の意思決定が偶然の出会いによって左右される状況を説明しました。「ゴミ箱」には様々な問題とその解決策が投げ込まれ、組織のメンバーはゴミ箱から自分の関心に応じて問題や解決策を探します。このような探索により、無関係に思える問題や解決策でも、偶然に組み合わされて現在の課題に答えるということが起こり得ます。

このように、マルチエージェントシミュレーションを利用して、ビジネスで発生する問題をモデル化して考えることができます。

参考文献：Cohen, Michael D., James G. March, and Johan P. Olsen. "A garbage can model of organizational choice." Administrative science quarterly (1972): 1-25.

二点の間の距離を一定に保つと

軌跡とは

ある一定の条件に従って動く点が描く図形のことを**軌跡**と呼びます。条件が与えられた際の軌跡について調べてみましょう。

軌跡とは

一般に、与えられた条件を満たす点が動いてできる図形を、その条件を満たす点の**軌跡**と呼びます。基本的には、軌跡を求める際には、求める軌跡上の任意の点を変数で表し、与えられた条件を座標間の関係式で表現すればよいです。

軌跡を求める

xy座標上の2つの点$P(1,2)$と$Q(-1,-3)$があるとします。これらの点の間をの比率を保ちながら移動する点$R(X,Y)$は、どのような軌跡を描くでしょうか。実際に、線分PRとQRの長さを求め、それらの間の比率に関して式を考えてみましょう。

まず、三平方の定理から下記がわかります。

$$PR=\sqrt{(X-1)^2+(Y-2)^2}$$
$$QR=\sqrt{(X+1)^2+(Y+3)^2}$$

また、$PR:QR=1:2$であることから、$2PR=QR$が成り立ちます。すなわち、下記のようになります。

$$2\sqrt{(X-1)^2+(Y-2)^2}=\sqrt{(X+1)^2+(Y+3)^2}$$

両辺を二乗して整理すると、次の式が成り立ちます。

$$3X^2-10X+3Y^2-22Y+10=0$$

両辺をさらに整理することにより、下記の式を得ます。

$$\left(X-\frac{5}{3}\right)^2+\left(Y-\frac{11}{3}\right)^2=\frac{116}{9}$$

以上のことから、点$R(X,Y)$は中心$\left(\frac{5}{3},\frac{11}{3}\right)$、半径$\frac{2\sqrt{29}}{3}$の円の軌跡を描くことがわかりました。

軌跡を求める際の注意

軌跡として得られた関係式に対して、同値ではない変形を伴うときには、必要条件と十分条件の観点で確認が必要になります。例えば、$\sqrt{x+2}$を2乗する操作は同値変形とはいえません。$\sqrt{x+2}$の2乗は明らかに$(x+2)$ですが、$(x+2)$の平方根は$\pm\sqrt{x+2}$の2通りあるからです。今回は同値変形のみで扱えるシンプルな例題を扱いましたが、問題を解く際には間違えやすいポイントとなるため、注意しましょう。

数学偉人伝

ルネ・デカルト(1596～1650年)

デカルトは、図形について考える「幾何学」と方程式について考える「代数学」を統合した数学者として有名です。いろいろな読み物では「デカルトは天井に止まった蝿を見てインスピレーションを受け、座標平面を発明した」という逸話が定番で、高校数学における図形分野にも深く関連する人物です。

重心の軌跡を調べる

媒介変数の使い方

関数の表現方法として、媒介変数表示という方法があります。媒介変数を用いることで、複雑な関数でもシンプルに表現できることがあります。

媒介変数表示とは

関連する変数同士の関係を別の変数（**媒介変数**）を用いて表現することを、**媒介変数表示**と呼びます。例えば、直線の方程式は媒介変数を用いて表現できます。変数(x,y,z)は、定数(l,m,n)と(x_1,y_1,z_1)に加えて媒介変数として実数tを利用して、下記のように表現できます。

$$\begin{cases} x = x_1 + lt \\ y = y_1 + mt \\ z = z_1 + nt \end{cases}$$

直線の方程式の事例ではいまいちピンとこないですが、媒介変数を利用することで、その関数で表現したい対象に関して見通しよく整理できます。

重心の媒介変数表示

もう少しだけ複雑な関数の媒介変数表示について考えてみましょう。原点をOとする座標平面上に点$A(-1,0)$があります。同じ座標平面上に、媒介変数を用いて表される2つの点$P(3t,t^2)$と$Q(3t-3,t^2+3)$があるとします。この時、三角形APQの重心の軌跡はどのようになるでしょうか。

座標平面上の三角形の重心は、下記のように三角形の各頂点の座標を足して3で割ることにより得ることができます。

$$\begin{cases} x = \dfrac{1}{3}(6t-4) \\ y = \dfrac{1}{3}(2t^2+3) \end{cases}$$

上記が、三角形APQの重心の軌跡に関する媒介変数表示になっています。

媒介変数を消去する

基本的には、計算機を利用して作図する際には、媒介変数を用いてそのままパソコンに入力すれば問題ないです。ただし、「媒介変数の消去」という方法を用いることによって、調べたい曲線の概形についてヒントを得られることもあります。以下では、媒介変数の消去について、実際にやってみましょう。

媒介変数の消去とは、その名の通り、媒介変数を消去して（今回の例でいうところの）との式で関数を表現し直すことをいいます。それでは、実際に消去してみましょう。

xの式を変形してtに関する形に整理すると、下記のようになります。

$$t = \frac{1}{2}x + \frac{2}{3}$$

これをyの式に代入することにより、下記を得ます。

$$y = \frac{1}{3}\left\{2\left(\frac{1}{2}x + \frac{2}{3}\right)^2 + 3\right\} = \frac{1}{6}x^2 + \frac{4}{9}x + \frac{35}{27}$$

以上のようにして、三角形APQの重心の軌跡は放物線の方程式として得られることがわかりました。

本書の第5章でも登場する「微分積分」などの知識を利用すると、媒介変数表示のありがたさがよくわかるようになるほか、「ベクトル」による表記を学ぶとよりスッキリと媒介変数による表示を理解できるようになります。興味がある方は、様々な曲線の媒介変数表示について調べてみましょう。

用語のおさらい

三角形の重心　三角形の三つの中線は一点に交わり、これを重心と呼びます。

売り上げを最大にするには

線形計画法

現実の問題を数学的に記述することで、様々な問題を共通の枠組みで解決することができます。今回は、特に「線形計画法」に着目して、実際にビジネスでもよく用いられる場面について考えていきます。

問題設定

洋服工場の生産計画について考えてみましょう。いま、工場では2種類の原材料A、Bを組み合わせて洋服Ⅰ、Ⅱを生産しているとします。この時に、この洋服工場が最大の売上を計上するためにどのような生産計画を立てるべきかを考えます。今回は、この工場で生産した洋服はすべて関連会社に買い上げてもらえると仮定して、供給の観点のみ考慮して検討を進めます。

線形計画法とは

線形計画法とは、ざっくりいえば、一次式で表される関数について、最大化または最小化を行うような数学的手法です。実際に事例に触れる方がわかりやすいと思うので、今回の問題を実際に線形計画問題として定式化してみましょう。

いま、洋服Ⅰ、Ⅱの生産量をx_1、x_2とし、それぞれの単価を70万円、120万円とします。このとき、この工場の売上yは、下記のようになります。

$$y = 70x_1 + 120x_2$$

このように、線形計画問題の中で、最大化する対象となる関数のことを**目的関数**と呼びます。また、倉庫の中の原材料の数量によって、生産できる洋服の数には制限があります。このことを数式で表現してみましょう。下表は、それぞれの洋服を生産するために必要な原材料の量です。

原材料/洋服	Ⅰ	Ⅱ
A	5	1
B	1	2

この工場の倉庫内の原材料が、Aは80単位、Bは50単位であるとします。このとき、先程の表も参照すると、使用する原料がこの利用可能量以下であるためには、下記の不等式が満たされなければいけません。

$$5x_1 + x_2 \leq 80$$
$$x_1 + 2x_2 \leq 50$$

このように、最大化したい目的関数に対して制約となる前提条件のことを**制約条件**と呼びます。

以上のような定式化を**線形計画問題**と呼び、その解法一般を**線形計画法**と呼びます。

「領域」の考え方

線形計画問題は、実は高校数学の範囲でも理解することができます。x_1とx_2の座標の中に、まずは制約条件の式をグラフとして描きこんでみましょう。

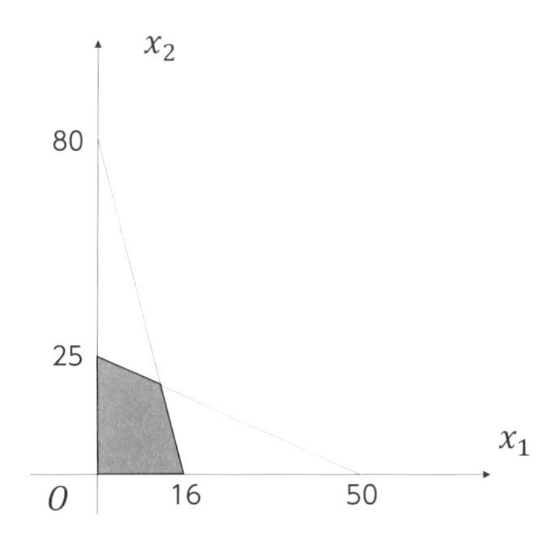

上図の中で、色を塗った部分は制約条件を満たす範囲で、生産が可能です。マイナスの量の原材料は考えないので、隠れた制約条件としてx_1、$x_2 \geq 0$があることに注意してください。

ちなみに、今回のように、いくつかの曲線で囲まれた範囲のことを**領域**と呼びます。特に、線形計画問題の中で、制約条件を満たす範囲のことを**実行可能領域**と呼びます。

では、この領域の中で、売上を最大にする点はどこになるのでしょうか。引き続き、グラフを活用して考えてみましょう。目的関数を変形すると、下記のように表されます。

$$x_2 = -\frac{7}{12}x_1 + \frac{1}{120}y$$

この式を満たし、実行可能領域を通過する直線は無数に存在しますが、売上を最大にする直線は、この式の切片を最大にすれば得られることがわかりました。グラフを描いてみると、この時の直線は、領域の中の点$\left(\frac{110}{9}, \frac{170}{9}\right)$を通る直線になります。よって、売上の値は、下記のようになります。

$$y = 70x_1 + 120x_2 = 70 \times \frac{110}{9} + 120 \times \frac{170}{9} = \frac{28100}{9}$$

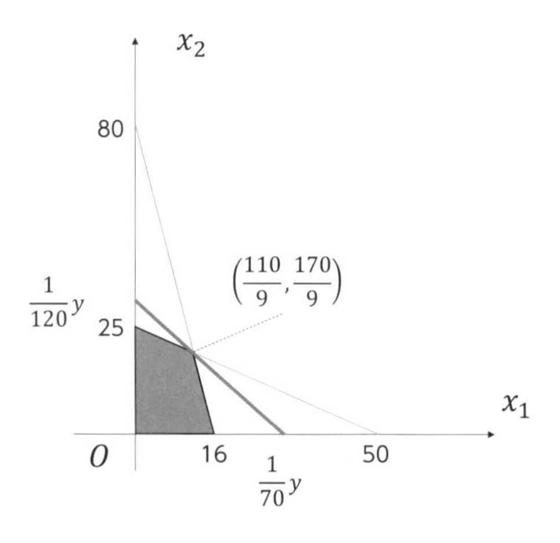

以上のように、高校数学の範囲でも線形計画法について考えることができます。もう少し複雑な場合の解法については、大学の工学や経済学、経営学に関連する学部で詳細を学ぶことができます。本屋さんでは、「最適化」「オペレーションズリサーチ」のようなキーワードでも、詳しい書籍を探すことができます。

用語のおさらい

領域　グラフ上でいくつかの曲線で囲まれた範囲のこと。

53 直線の通過領域

順像法と逆像法の考え方

直線の通過領域を求める問題では、順像法と逆像法の2パターンの解法が知られています。ここでは、それぞれの解き方について考えてみましょう。

通過領域

実数が変動する時、次のような直線の**通過領域**を求める問題を考えます。今回の学習では、この例題を通じて考えてみましょう。

$$y = 2tx - t^2 \quad \cdots\cdots❶$$

順像法による解法

変数を1つ固定し、他の変数に応じて図形がどのように変動するか観察して調べることによって、直線の通過領域を調べるような方法を**順像法**と呼びます。実際に、例題に対して順像法を適用してみましょう。

まず、求める通過領域をCとします。Cについて、直線での切り口の座標の範囲を求めます。直線(1)の式に$x=k$を代入すると、下記のようになります。

$$y = 2tk - t^2 = -(t-k)^2 + k^2$$

ここで、tは任意の実数であるため、$y \leq k^2$であることがわかります。以上から、直線の通過領域Cについて、$y \leq x^2$がわかりました。

逆像方による解法

図形が通過するための条件を調べることによって直線の通過領域を調べるような方法を、**逆像法**と呼びます。例題に対して、逆像法を適用してみましょう。

まず、直線の通過領域をCとします。また、通過領域内の点について、$(X, Y) \in C$とします。この時、(X, Y)も直線$y=2tx-t^2$の点ですから、$(X, Y) \in C$に対して、$Y=2tX-t^2$を満たすような実数が存在します。逆に、$Y=2tX-t^2$を満たすような実数が存在する時、$(X, Y) \in C$となるような点が存在します。つまり、少し式を整理して、下記のようなtの方程式の実数解が存在する条件を調べることで、点$(X,Y)\in C$の取りうる値の範囲を調べることができます。

$$t^2-2tX+Y=0$$

二次方程式の実数解の判定には、「判別式」を利用することができます。判別式は、二次方程式の各パラメータに対応して自動的に実数解の有無と個数を算出できる便利ツールです。判別式は下記です。

$$D=X^2-Y$$

$D\geq 0$の時に実数解が存在するので、$X^2-Y\geq 0$から、$X^2\geq Y$です。以上から、直線の通過領域Cについて、$y\leq x^2$がわかりました。

以上のように、直線の通過する領域について２つの方法により調べることができます。

普段の波と比べて異常がないかを調べる

音が周期関数を組み合わせて表現できることを利用して、機械などの音を監視して異常がないかをチェックする「異常検知」が行えます。波形をそのままコンピュータに覚えさせ、新しく録音された波形と比べて大きくずれがあれば異常とみなしたり、先ほど紹介した高速フーリエ変換で音を構成する波を抽出して、いつもと違う波で構成されていれば異常とみなしたりすることで変化に気づけるのです。音に限らず、「振動」など波の組み合わせで表現しやすいデータは振幅や周波数に着目することで扱いやすくなります。

三角関数と波

サインカーブとコサインカーブ

「数学1」の「図形と計量」では三角関数を導入しました。三角関数は直角三角形の辺の長さの比を表す「三角比」を単位円による定義で拡張したものです。この三角関数、実は「波」と関係しています。

サインカーブとコサインカーブ

サインとコサインのグラフを描いてみましょう。横軸を弧度法で表した弧の長さ、縦軸を三角関数の値とすると、サインとコサインのグラフは以下のようになります。

▼サインのグラフ（サインカーブ）　▼コサインのグラフ（コサインカーブ）

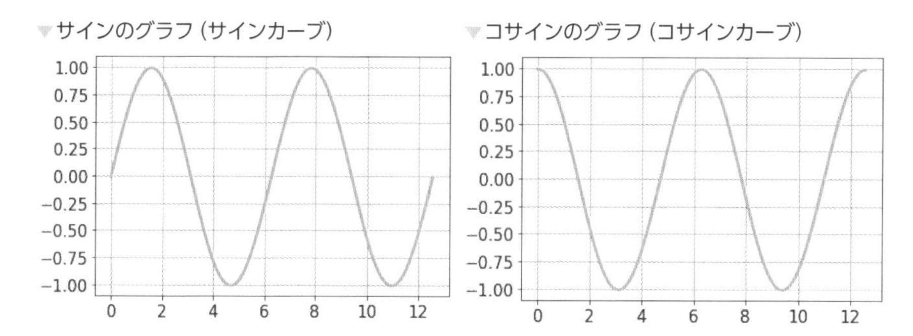

いずれも波のような形をしており、0から$2\pi \fallingdotseq 6.28$の間の値を次の2πから4πの間で繰り返し取っています。このように、ある一定の周期で同じ形のグラフを繰り返し描くような関数を**周期関数**といいます。(図1)

▼図1

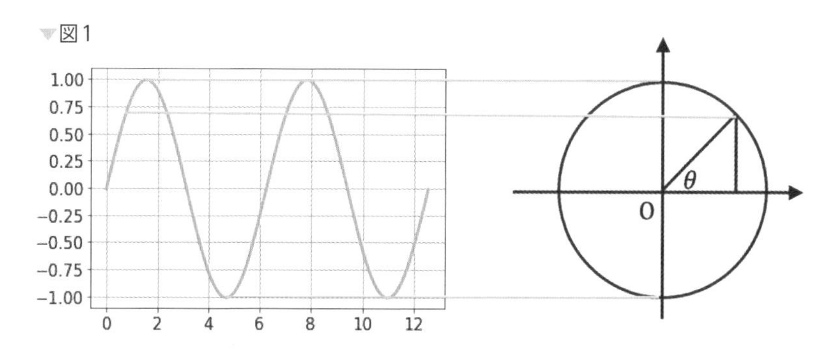

サインとコサインの単位円による定義を思い出してみると、単位円を一周して角度が360°となったときの弧の長さは2πでしたね。この「単位円を一周する」という動作にグラフの2πごとの形が対応しています。

サインカーブとコサインカーブは波の形をしており、その振れ幅は**振幅**(しんぷく)と呼ばれます。$f(\theta) = \sin\theta$の振幅は1であり、これを定数倍した周期関数$f(\theta) = a\sin\theta$の振幅はaです。$f(\theta) = \sin\theta$と$f(\theta) = \cos\theta$の周期は2πですが、これらを少し変えてみた$f(\theta) = \sin 2\theta$の周期はπで、$f(\theta) = \cos 4\theta$の周期は$\frac{\pi}{2}$です。

周波数

我々の耳に聞こえてくる「音」は、空気の振動が波として伝わっていくことで生じています。よって、時間t(秒)についての

$$f(t) = \frac{1}{2}\sin t + \sin 2t$$

のようなサインを組み合わせた関数で表現することができます。この関数のグラフは以下のようになります。(図2)

▼図2

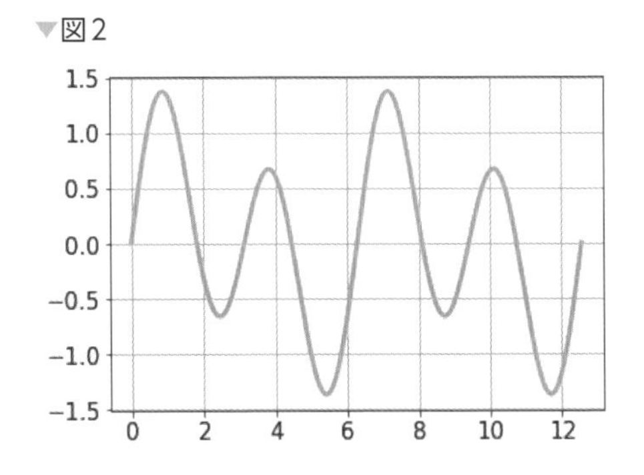

振動数が簡単な比で表される音は、同時に鳴らすと綺麗に聞こえます。

このとき、周期は「波が1回振動するのに要する秒数」となり、この逆数である「1秒間に波が振動する回数」は**周波数**または**振動数**と呼ばれます。周期が2πであれば、周波数は$\frac{1}{2\pi}$です。

タンジェントカーブ

サインカーブとコサインカーブは互いに横へ並行移動した形のグラフになっていますが、**タンジェントカーブ**は様子が違います。

▼タンジェントカーブ

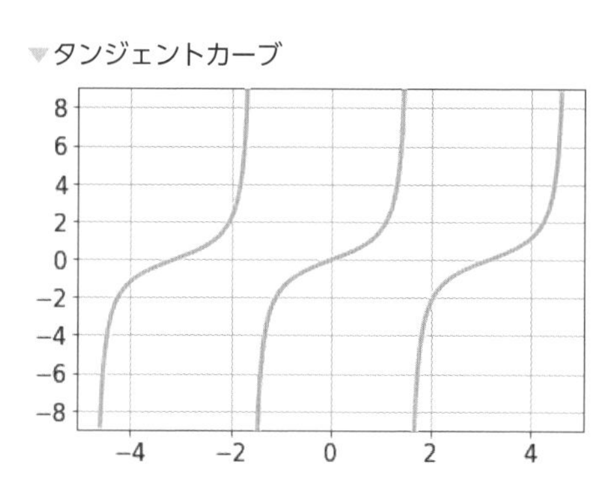

タンジェントも周期関数であるところは同じなのですが、$\frac{\pi}{2}$のところでグラフがはるか上方へ飛んでいき、その後はるか下方からグラフが登ってきています。その後も横軸方向にπ進むごとに同じように上下のはるか彼方へグラフが飛んでいきます。なぜこんな形のグラフになるのでしょうか？　タンジェントはサインとコサインを用いて

$$\tan\theta = \frac{\sin\theta}{\cos\theta}$$

と表せたため、分母の$\cos\theta$が0となるときに定義できず、その付近までしかグラフには描けません。θが左側から$\frac{\pi}{2}$へ近づくにつれて$\cos\theta$は極めて小さな正の値になっていき、$\tan\theta$は正の方向へ限りなく大きくなっていきます。θが右側から$\frac{\pi}{2}$へ近づくにつれて$\cos\theta$は極めて小さな負の値になっていき、$\tan\theta$は負の方向へ限りなく大きくなっていきます。このような$\frac{\pi}{2}$付近の値の変化により、$\tan\theta$は不思議な形のグラフを描いているのです。

角度が倍だと高さも倍？

加法定理

三角関数は弧の長さ（角度）が変わるにつれてどのように値が変化していくのでしょうか。三角関数について成り立ついくつかの公式を紹介します。

加法定理

三角関数について、以下の**加法定理**が成り立つことが知られています。

$$\sin(\theta_1 \pm \theta_2) = \sin\theta_1 \cos\theta_2 \pm \cos\theta_1 \sin\theta_2$$

$$\cos(\theta_1 \pm \theta_2) = \cos\theta_1 \cos\theta_2 \mp \sin\theta_1 \sin\theta_2$$

$$\tan(\theta_1 \pm \theta_2) = \frac{\tan\theta_1 \pm \tan\theta_2}{1 - \tan\theta_1 \tan\theta_2}$$

$\theta_1 = \theta_2$のとき、±が＋の場合の式は弧の長さを倍にしたときの三角関数の値を計算する公式となります。それぞれの式に$\theta = \theta_1 = \theta_2$を代入してみると、

$$\sin 2\theta = \sin\theta\cos\theta + \cos\theta\sin\theta = 2\sin\theta\cos\theta$$

$$\cos 2\theta = \cos\theta\cos\theta - \sin\theta\sin\theta = \cos^2\theta - \sin^2\theta$$

$$\tan 2\theta = \frac{\tan\theta + \tan\theta}{1 - \tan\theta\tan\theta} = \frac{2\tan\theta}{1 - \tan^2\theta}$$

が得られます。$\cos 2\theta$については$1 = \sin^2\theta + \cos^2\theta$を利用してさらに

$$\cos 2\theta = \cos^2\theta - \sin^2\theta = 2\cos^2\theta - 1 = 1 - 2\sin^2\theta$$

とも変形できます。三角関数に2θを入れた場合の公式を特に2倍角の公式と呼びます。また、$\cos 2\theta = 1 - 2\sin^2\theta$と$\cos 2\theta = 2\cos^2\theta - 1$をそれぞれ変形して得られる

$$\sin^2\theta = \frac{1-\cos 2\theta}{2}$$

$$\cos^2\theta = \frac{1+\cos 2\theta}{2}$$

を半角の公式と呼びます。

積和の公式

加法定理を変形することで、以下の**積和の公式**が得られます。

$$\sin\theta_1 \sin\theta_2 = -\frac{1}{2}\left(\cos(\theta_1+\theta_2) - \cos(\theta_1-\theta_2)\right)$$

$$\cos\theta_1 \cos\theta_2 = \frac{1}{2}\left(\cos(\theta_1+\theta_2) + \cos(\theta_1-\theta_2)\right)$$

$$\sin\theta_1 \cos\theta_2 = \frac{1}{2}\left(\sin(\theta_1+\theta_2) + \sin(\theta_1-\theta_2)\right)$$

$$\cos\theta_1 \sin\theta_2 = \frac{1}{2}\left(\sin(\theta_1+\theta_2) - \sin(\theta_1-\theta_2)\right)$$

これらはすべて加法定理を足し引きしていくことで簡単に得られるので、興味があれば導出してみてください。例えば３つめの公式は

$$\sin(\theta_1+\theta_2) = \sin\theta_1\cos\theta_2 + \cos\theta_1\sin\theta_2$$
$$\sin(\theta_1-\theta_2) = \sin\theta_1\cos\theta_2 - \cos\theta_1\sin\theta_2$$

の２つの式を足し合わせて

$$\sin(\theta_1+\theta_2) + \sin(\theta_1-\theta_2) = 2\sin\theta_1\cos\theta_2$$

を得た後に、両辺を２で割ることで導かれます。

三角関数の合成

積和の公式から、さらに新たな公式を導出してみましょう。サインとコサインの和$a\sin\theta + b\cos\theta$について考えてみましょう。底辺の長さが$a$で高さが$b$の直角三角形を考えてみると、斜辺の長さは三平方の定理より$\sqrt{a^2+b^2}$であることがわかります。この直角三角形の底辺と斜辺がなす角をαとすると、

$$\sin\alpha = \frac{b}{\sqrt{a^2+b^2}}$$

$$\cos\alpha = \frac{a}{\sqrt{a^2+b^2}}$$

となっています。元の「サインとコサインの和」に戻って、$\sqrt{a^2+b^2}$ で括ると

$$a\sin\theta + b\cos\theta = \sqrt{a^2+b^2}\left(\frac{a}{\sqrt{a^2+b^2}}\sin\theta + \frac{b}{\sqrt{a^2+b^2}}\cos\theta\right)$$

と変形できるため、先ほどの$\sin\alpha$と$\cos\alpha$を代入すると

$$a\sin\theta + b\cos\theta = \sqrt{a^2+b^2}(\cos\alpha\sin\theta + \sin\alpha\cos\theta)$$

が得られます。積和の公式を用いれば右辺の括弧内は

$$\frac{1}{2}(\sin(\alpha+\theta) - \sin(\alpha-\theta)) + \frac{1}{2}(\sin(\alpha+\theta) + \sin(\alpha-\theta)) = \sin(\alpha+\theta)$$

となります。よって、

$$a\sin\theta + b\cos\theta = \sqrt{a^2+b^2}\sin(\theta+\alpha)$$

と「サインとコサインの和」をサインだけで表せます。

$$a\sin\theta + b\cos\theta = \sqrt{a^2+b^2}\cos(\theta-\beta)$$

加法定理の覚え方

積和の公式も三角関数の合成公式も、元を辿れば加法定理から導出されたものでした。三角関数の計算が必要となる際は、とりあえず**加法定理**を覚えておくと、そこから他の公式を思い出す手がかりが得られて便利です。

$$\sin(\theta_1 \pm \theta_2) = \sin\theta_1\cos\theta_2 \pm \cos\theta_1\sin\theta_2$$

は「咲いた (sin) コス (cos) モス、コス (cos) モス咲いた (sin)」

$$\cos(\theta_1 \pm \theta_2) = \cos\theta_1\cos\theta_2 \mp \sin\theta_1\sin\theta_2$$

は「コスモス (cos) コスモス (cos)、咲かない (sin) 咲かない (sin)」と覚える、と

いう有名な語呂合わせがあります。後者は「咲かない」と否定することで符号がプラスマイナス逆転していることを表しているそうです。著者は高校時代、2つめの公式を「ココスサイゼリヤ」と覚えていました。「ココス」にcos, cos, sinを詰め込み、最後のsinだけ「サイゼリヤ」で語呂合わせしています。今になって考えると、少し無理がありますね。1つめのほうは……おそらくもっと無理のある語呂合わせをしていたので、忘れてしまいました。

人間と機械学習モデルの協調

人間と機械学習アルゴリズムが共同で作業するような仕組みのことを、人間参加型機械学習（Human-in-the-Loop Machine Learning）と呼びます。人間参加型機械学習では、機械学習モデルが推論を行う際に、人間の判断を介在させることにより、その推論の精度をアップするだけでなく、逐次的に推論ロジックを更新します。このような方法を取ることにより、大きく二つのメリットがあります。

まず、モデルの精度があまり高くない段階でも、機械学習モデルを組み込んだサービスをリリースできます。人間参加型機械学習は、人間による判断の情報をサービスの稼働中に蓄積し、逐次的に推論ロジックを高めることができるため、このようなことを見込めます。

次に、機械学習モデルの利用に際して、安全性を担保しやすくなります。例えば、機械学習モデルの性能がいくら高いと分かっていても、ユーザの心情としてその推論結果に懐疑的になってしまうような場合があると思います。そのような場合に、人間の予測が介在することにより、安全に機械学習モデルを利用することができます。

機械学習技術がいろいろな場面で活用されるようになりましたが、人間参加型機械学習の取り組みに見られるように、今後はますます技術の具体的な運用方法に注目が集まるようになるでしょう。

新聞紙を42回折ると月に届く?

指数関数、ロジスティック方程式

「新聞紙を42回折ると月に届く高さになる」という話は聞いたことがありますか？ たったそれだけの回数折っただけで、そんな途方もない距離に届くなんて不思議な話ですが、「倍にする」ことを繰り返せば驚くべきスピードで数は大きくなっていきます。

指数関数

厚さ0.1ミリメートルの新聞紙を、地球から月までの距離43万キロメートルと同じ厚さに到達するまでには何回折り畳めばよいでしょうか。紙を半分に折ると当然紙の面積が半分になってしまうため、現実的にはそう何度も紙を折り続けることはできませんが、そういう制約は無視して何度でも半分に折れることとしましょう。1回折ると、厚さは0.2ミリメートルになります。2回折ると、0.4ミリメートルです。3回折ると、0.8ミリメートル。このペースでは一生かかっても43万キロメートルなんて届きそうにもありません。

ところが、グラフを描いてみると42回折った時点で43万キロメートルに到達していることがわかります。

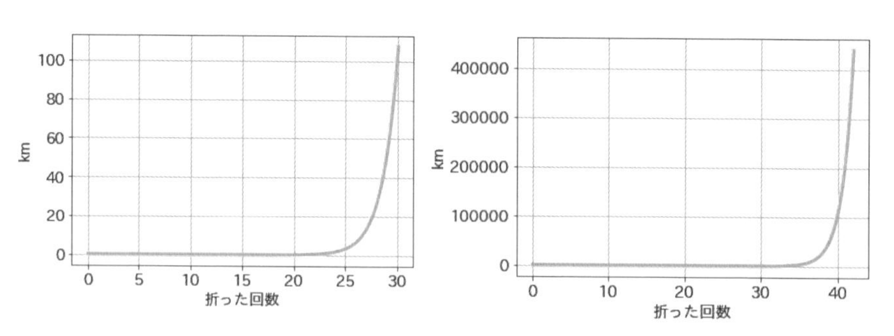

タンジェントも周期関数であるところは同じなのですが折った回数が増えていくにつれ、一度折るときに増加する厚さがどんどんと大きくなっています。

「倍にする」ことを繰り返すと、増加するスピードが急激に伸びていき、いつの間にか一度倍にするだけでとんでもない増加量になっているのです。

新聞紙を折る例だと、n回折ったときの厚みは

$$0.1\ \mathrm{mm}\ \times 2^n$$

となっています。2^nの部分のように、数の累乗で表される関数

$$f(x)=a^x$$

を**指数関数**といいます。aとして2、10、もしくはネイピア数$e \fallingdotseq 2.71828$がよく考えられます。2は情報学で、10は物理学で、ネイピア数は数学で扱うことが多いようです。指数関数は急増化する関数として有名であるため、実際に指数関数で表されるかにかかわらず「急激に増えていくこと」が「指数関数的に」と表現されることが多々あります。

ねずみ算

数が急激に増えていくことは「ねずみ算式に」とも表現されます。これは江戸時代の和算家である吉田光由が記した『塵劫記（じんこうき）』という本に載っている**ねずみ算**という問題が由来です。ねずみのつがいが1ヶ月後にオスとメスの子どもをそれぞれ6匹ずつ産むとき、1年後にねずみは何匹になっているか、というのが元のねずみ算の問題です。ねずみが途中で減らないとすると、nヶ月後のねずみの数は

$$2 \times 7^n$$

で求められます。1ヶ月後は元のつがいである2匹が12匹を産んだ計14匹、2ヶ月後は$2 \times 7^2 = 98$匹となり、12ヶ月後には

$$2 \times 7^{12} = 27{,}682{,}574{,}402\ 匹$$

にも増えています。約270億匹とは、恐ろしい数ですね。

ロジスティック方程式

指数関数だけでシミュレーションすると、個体数が際限なく増加してしまい現実的ではありません。そこで、存在できる個体数の限界である環境収容力Kに近づくにつれ個体数が増加しづらくなることを考慮した**ロジスティック方程式**がよく用いられます。ロジスティック方程式では、個体数Nの増加分ΔNは

$$\Delta N = rN\left(1 - \frac{N}{K}\right)$$

で決まります。rは内的自然増加率という定数で、個体数が少ないときの増加率を表します。

波を分解するには――フーリエ変換

音は波を組み合わせてできていますが、逆に「録音した音声データがどんな波で構成されているのか」を確かめることはできるのでしょうか？　**フーリエ変換**という手法を用いれば、音の波を分解できます。特に高速フーリエ変換という効率的に波を分解できるアルゴリズムがよく利用されており、音声データが「どんな周波数の波がどんな振幅で組み合わせられているのか」を確かめることができます。

アーベル賞

ノーベル賞には数学賞がなく、その代わりにフィールズ賞が数学界の名誉ある賞として有名です。フィールズ賞には40歳以下という厳しい縛りがあるうえ、授与されるのは4年に一度ですが、2002年のアーベル生誕200年を記念して創設されたアーベル賞は毎年授与され、年齢制限もありません。また、賞金額もフィールズ賞の約200万円より高く、日本円に換算して1億円になることもあります。フィールズ賞は過去に日本人の受賞者がいましたが、残念ながらアーベル賞はまだ日本人に贈られたことがありません。

数学では他にもガウス賞とチャーン賞という賞も有名で、いずれもこれまでに一人ずつ日本人が受賞（それぞれ伊藤清と柏原正樹）しています。

57 マグニチュードって何？

対数関数、逆関数

地震の大きさを表す指標に「マグニチュード」があります。ニュースなどでよく聞く言葉ですが、これは何を表す指標なのでしょうか？

対数関数

指数関数の「逆」を考えてみましょう。指数関数$f(x)=a^x$に対し、

$$g(a^x) = x$$

となるような関数gを$g(y)=\log_a y$と書くことにし、これを**対数関数**と呼びます。このときのaを**底**（てい）、入力yを**真数**（しんすう）といいます。対数関数は「入力された数を得るためには真数を何乗する必要があるかを出力する」関数です。0以下の数や1が底であるときはこのような関数をうまく定義することができないため、底は1以外の正の数であるとします。また、「底は1以外の正の数」と定めたとき真数は正の数しか考えられないことにも注意が必要です。

対数関数は数に対して指数関数の「逆」の変換を行うため、底と真数についての上記の条件を満たす限りは

$$f(g(y)) = a^{\log_a y} = y$$
$$g(f(x)) = \log_a a^x = x$$

が成り立ちます。このように、$f\big(g(y)\big) = y,\ g\big(f(x)\big) = x$が成り立つような関数を互いの**逆関数**といいます。

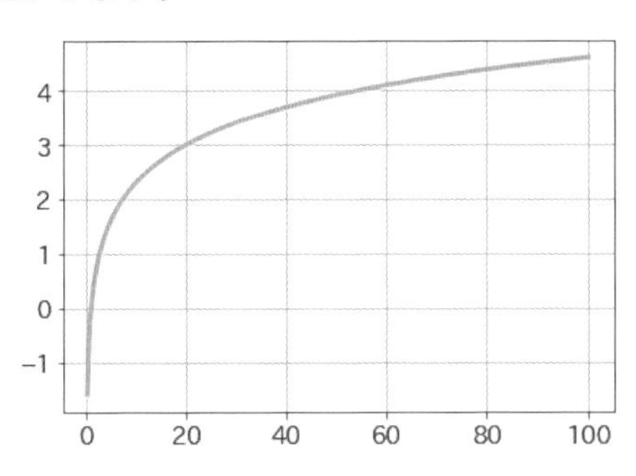

対数関数のグラフは対数関数と鏡写しのようになっています。直線$y=x$を引いてみると、この直線を軸に対数関数と指数関数のグラフが対称になっていることが見てとれます。

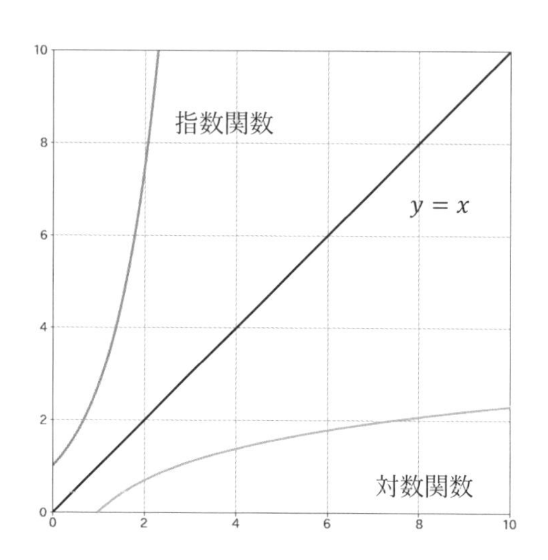

対数関数のグラフは対数関数と鏡写しのようになっています。どんどん急増化していく指数関数とは逆に、対数関数は変化がどんどんと緩やかになっていきます。

マグニチュードとは

マグニチュードは対数関数を用いて定義されています。震度はその地点での揺れの強さを地点ごとに算出する指標ですが、マグニチュードは地震ひとつに対してその大きさを表す指標としてひとつだけ算出されます。マグニチュードにはいろいろな定義がありますが、底を10とする対数関数を用いたものがよく使われているようです。例えば、**モーメント・マグニチュード**というマグニチュードは

$$\frac{2}{3}\log_{10} W - 10.7$$

で計算されます。Wは地震モーメントと呼ばれる指標です。マグニチュードは対数関数の一次式であるため、1大きくなるだけで地震のエネルギー(ここでは地震モーメント)は文字通り桁違いとなります。

数学B

　この章では、「数列」「統計的推測」「整数」について学びます。数列は数学の様々な分野で利用される基本的な道具で、統計においても必須の概念です。整数の性質についての知識は暗号アルゴリズムに応用されており、情報通信の安全性を高めることに役立っています。

アブラーム・ド・モアブル
（1667～1754年）

ピエール・ド・フェルマー
（1607～1665年）

1から100までの和の求め方

数列、等差数列、等比数列

「1から100までの整数を足した和はいくらか」と聞かれて、すぐに答えられるでしょうか？　ひとつひとつ足していっては時間がかかりますが、「1から100までの整数」を「数列」と考えればすぐに計算できます。

数列

順序のある番号をつけられた数たちを**数列**といいます。例えば、2の累乗を並べていった

$$2,4,8,16,32,...$$

はn番目が2^nとなるような数列です。数列のn番目はa_nやx_nのように右下に添字をつけた記号で表され、n番目の**項**と呼ばれます。特に、最初の項は**初項**と呼ばれます。添え字は1からではなく0からスタートすることもよくありますが、1スタートか0スタートかは好き好きです。

$$a_n=2^n$$

のように、添字nに対してn番目の項がどうなっているかを記述したものを数列の**一般項**といいます。N番目までの項を持つ数列を$\{a_n\}_{n=1}^N$や$\{a_n\}_{1\leq n\leq N}$などと書きます。

等差数列

数列の中でも、次の項との差が常に一定である、すなわちn番目の項a_nと$n+1$番目の項a_{n+1}の間に

$$a_{n+1}-a_n=d$$

という関係があるものを**等差数列**といい、このときのdを**公差**といいます。等差数列のn番目の項は初項a_1に公差dを$n-1$回加えたものなので、等差数列の一般項は

$$a_n = a_1 + (n-1)d$$

と書けます。

「1から100までの整数」は初項1で公差が1の等差数列

$$a_1 = 1, \qquad a_{n+1} - a_n = 1$$

とみなすことができます。等差数列を初項からn番目の項まで足していった和S_nは

$$S_n = \sum_{k=1}^{n} a_k = \frac{n(a_1 + a_n)}{2}$$

で求められます。というのも、S_nとそれを逆向きに並べたもの

$$S_n = a_1 + (a_1 + d) + \cdots + (a_1 + (n-1)d)$$
$$S_n = (a_1 + (n-1)d) + (a_1 + (n-2)d) + \cdots + a_1$$

を足し合わせると

$$2S_n = n(2a_1 + (n-1)d)$$

となり、両辺2で割った

$$S_n = \frac{n}{2}(2a_1 + (n-1)d)$$

に等差数列の一般項$a_n = a_1 + (n-1)d$を代入すると

$$S_n = \frac{n}{2}(a_1 + a_1 + (n-1)d) = \frac{n}{2}(a_1 + a_n)$$

が得られるからです。等差数列の和の公式を「初項1で公差が1の等比数列」に対して用いると、100番目の項までの和は

$$\frac{100(1+100)}{2} = \frac{10100}{2} = 5050$$

であるとすぐに計算できます。

等比数列

次の項との差ではなく、比が一定な数列も考えられます。n番目の項a_nと$n+1$番目の項a_{n+1}の間に

$$\frac{a_{n+1}}{a_n} = r$$

という関係がある数列を**等比数列**といい、このときのrを公比といいます。等比数列のn番目の項は初項a_1に公比rを$n-1$回掛けたものなので、等比数列の一般項は

$$a_n = a_1 r^{n-1}$$

と書けます。等差数列と同じように、等比数列の和も簡単に計算できる公式があります。等比数列を初項からn番目の項まで足していった和S_nは、$r=1$のとき

$$S_n = \sum_{k=1}^{n} a_k = na_1$$

で、それ以外のとき

$$S_n = \sum_{k=1}^{n} a_k = \frac{a_1(1-r^n)}{1-r}$$

で求められます。この公式も導出してみましょう。$r=1$の場合は明らかに成り立つので、$r \neq 1$の場合について導きます。

$$S_n = a_1 + a_1 r + \cdots + a_1 r^{n-1}$$

から、その各項をひとつずつずらしてrを掛けた

$$rS_n = 0 + a_1 r + \cdots + a_1 r^{n-1} + a_1 r^n$$

を引くと

$$S_n - rS_n = a_1 - a_1 r^n$$

が残ります。両辺を$1-r$で割ると、

$$S_n = \frac{a_1 - a_1 r^n}{1 - r} = \frac{a_1(1 - r^n)}{1 - r}$$

が得られます。例えば、初項1で公比が2の等比数列の5番目の項までの和は

$$\frac{1(1 - 2^5)}{1 - 2} = \frac{1 - 32}{-1} = 31$$

と計算できます。

数列の和がわかっているとき

逆に、数列の和がわかっていれば元になった数列の一般項もわかります。n番目の項までの和S_nを用いて、初項a_1と一般項a_nは

$$a_1 = S_1$$
$$a_n = S_n - S_{n+1}$$

で求められます。例えば$S_n = 5^n$であるとき、初項は$a_1 = S_1 = 5$で、一般項は$a_n = S_n - S_{n+1} = 5^n - 5^{n+1} = (5-1) \cdot 5^{n+1} = 4 \cdot 5^{n+1}$です。

用語のおさらい

数列　順番のある番号で添字づけられた数たち。

等差数列　次の項との差が常に一定な数列。このとき、次の項との差を公差という。

等比数列　次の項との比が常に一定な数列。このとき、次の項との比を公比という。

複利計算

金利計算の方法には、元金だけに利息が発生する単利法と、発生した利息を元金に繰り入れる**複利法**があります。**単利法**では、元金a_1を年利rで運用したn期目の運用額は

$$a_n = a_1 + nra_1$$

となります。複利法では、同じ元金同じ年利で運用したn年後の運用額は

$$a_n = a_1(1+r)^n$$

となります。元金100万円を年利10%で運用した場合、20年後の運用額は単利法では

$$100 + 20 \times 0.1 \times 100 = 300 \text{万円}$$

複利法では

$$100 \times (1+0.1)^{20} \fallingdotseq 672.7 \text{万円}$$

です。複利法の運用額のほうがかなり大きくなっていますね。複利法の運用額の一般項には、「数学2」で学んだ指数関数が含まれています。そのため、nが大きくなるにつれてどんどんと増加スピードが上がっていきます。対して、単利法の運用額の一般項はnについての一次関数であるため、増加スピードは一定のままです。このことが、単利法と複利法の20年後の運用額に大きな差をつけています。

遠い未来の運用額を意識しておかないと、
大きく損をしてしまうかもしれません。

59 過去の状態と比べると

漸化式

等差数列や等比数列は、隣り合った項同士の関係で定義していました。直前の項との差や比だけではなく、もっと広く「それ以前の項との関係」を漸化式で考えてみましょう。

漸化式

数列の各項に対し「それ以前の項との関係」を定める式を**漸化式**といいます。等差数列や等比数列の前の項との関係式は漸化式です。もっと複雑な、

$$a_{n+1} = 4a_n + 7^n$$

$$a_{n+1} = \frac{2a_n}{3a_n + 9}$$

$$a_{n+1} = 3a_n + 6a_{n-1}$$

のような式も漸化式です。

「数学2」の「指数関数と対数関数」で紹介したロジスティック方程式は漸化式で表されていました。n番目の項a_nが時点nでの個体数を表すとすると、ロジスティック方程式は漸化式

$$a_{n+1} - a_n = ra_n\left(1 - \frac{a_n}{K}\right)$$

で定義されていると考えることができます。これをもう少し式変形して係数を整えると、

$$a_{n+1} = Aa_n(1 - Ba_n)$$

という形にできます。この式では、a_{n+1}が直前の項a_nを用いて定められています。

賭けの勝敗

等確率である方向に1進むかその逆方向に1進むような動きを（**1次元単純**）**ランダムウォーク**といいます。数直線上で考えると、現時点での位置がnであるとき次の時点での位置は確率$\frac{1}{2}$で$n+1$、確率$\frac{1}{2}$で$n-1$です。

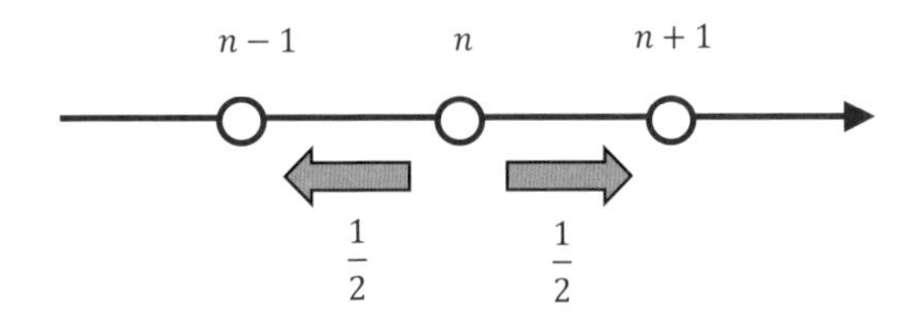

AさんとBさんがこのランダムウォークを用いて賭けをしたとしましょう。Aさんはi円、Bさんはj円持っており、ランダムウォークをiからスタートします。右に進むとAさんがBさんに1円渡し、左に進むとBさんがAさんに1円渡し、どちらかの所持金が尽きるまでこの賭けを続けます。ランダムウォークの位置が0になればBさんの勝ち、$i+j$になればAさんの勝ちです。このとき、Aさんが負ける確率はどれくらいでしょうか？

Aさんの最初の所持金がi円のときの敗北確率をp_iとします。ランダムウォークが1回動いたとき、確率$\frac{1}{2}$で「最初の所持金がもう1円多ければ最初にいた位置」に、確率$\frac{1}{2}$で「最初の所持金がもう1円少なければ最初にいた位置」に移動します。このことから、Aさんの敗北確率は

$$p_i = \frac{1}{2}p_{i+1} + \frac{1}{2}p_{i-1}$$

という漸化式で表せます。計算過程は省略しますが、この三項間漸化式を解くとp_iの一般項

$$p_i = \frac{j}{i+j}$$

が得られます。

いっぺんに証明するには

数学的帰納法

ある数学的主張が正しいことを確かめるのは、難しいことです。すべての自然数についてこれこれが成り立つ、という主張は0についても1についても500についても63921772080についても成り立つことを確かめなければなりません。無数にある自然数すべてについて確かめるのは時間がいくらあっても不可能です。どうすれば、このような主張が正しいとわかるのでしょうか。

数学的帰納法

「どんな自然数nに対しても、2^nはnより大きい」という主張が正しいことは、どう確かめればよいでしょうか？　ひとつひとつnを代入して確認するわけにもいかないので、どうにかいっぺんに「すべての自然数に対して成り立つ」ことを証明する必要があります。**数学的帰納法**という証明方法を使えば、無数のものについての主張をいっぺんに証明してやることができます。

数学的帰納法は以下の2ステップで構成されます。

①最小のnについて成り立つことを示す。
②あるnに対して成り立てば$n+1$に対しても成り立つことを示す。

数学的帰納法はよくドミノ倒しに例えられます。1つめのステップは最初のドミノを押す操作で、2つめのステップはドミノをうまく並べる操作です。ちょっと順番が前後していますが、「うまく並んだドミノは押せば最後まで倒れてくれる」というわけです。ステップ2では「あるnに対して主張が成り立つ」と「仮定」します。このことが示せれば、例えば最小のnが0であれば最初のステップで1について主張が成り立つことが保証されているので、次の$0+1=1$についても主張が成り立つことが示され、そうすると必然的に$1+1=2$についても主張が成り立つことが示され、連鎖的に次の数も、次の数もと主張が成り立つことが示されて結局すべての自然数について主張が成り立つことが確かめられます。

等差数列の和の公式の証明

定義だけ眺めていてもなかなかわかりづらいので、数学的帰納法を使って等差数列の和の公式をもう一度証明してみましょう。証明したいことは、「等差数列のどの項までの和についても、公式が成り立つ」です。初項1で公差1のシンプルな場合

$$S_n = \frac{n(n+1)}{2}$$

についてのみ示します。

まず、最小のnすなわち等差数列の初項について公式が成り立つことを示します。

$$S_1 = a_1 = 1$$

であることに注意すると、等差数列の和の公式

$$S_1 = \frac{1 \cdot (1+1)}{2} = \frac{2}{2} = 1$$

は確かに成り立っています。

次に、等差数列の和の公式が「あるnについて成り立つ」と仮定します。

$$S_n = \frac{n(n+1)}{2}$$

があるnについて成り立っていれば、$n+1$についても

$$S_{n+1} = (n+1) + S_n = \frac{2(n+1) + n(1+n)}{2} = \frac{n^2 + 3n + 2}{2} = \frac{(n+1)(n+2)}{2}$$

と公式が成り立っています。よって、数学的帰納法により初項1で公差1の場合の等差数列の和の公式が証明できました。

数学的帰納法の様々なパターン

数学的帰納法に必要な2ステップは証明したい主張に応じて微妙に違うパターンに差し替える場合もあります。例えば、「最小のnおよび$n+1$について成り立つ」ことを示した後に「あるnと$n+1$に対して成り立てば$n+2$に対しても成り立つ」ことを示すような「直前の2つを使うパターン」や、ステップ2だけを「最小のnからNまでに対して成り立てば$N+1$に対しても成り立つ」に差し替えて「それ以前の自然数すべてを使うパターン」があります。

自動で交渉するAI

商取引の場面で、「AIが勝手に交渉してきてくれれば良いのに」なんて考えたりしませんか？　実は、会社と会社の間の商取引条件の調整について、自動交渉ができないかという研究が存在し、導入事例も出てきています。2020年にシリコンバレーのPactum社は、米国スーパーマーケット大手のウォルマートで自動交渉AIを導入することを発表しました。自動交渉AIは、発注側が受注側の意向を汲み取り、人間に代わって取引対象の商品の最適な価格や数量を提案してくれます。このような自動交渉AIは、「マルチエージェントシミュレーション」という人工知能の中のいち領域に位置付けられる技術です。今後も、さらなる研究の進歩と実用化の加速が期待されています。

参考文献：https://pactum.com/wp-content/uploads/2021/04/pactum_press_release_2.pdf

こんな場面も
今後は見られなく
なるかも!?

確率変数って何？

離散確率変数、連続確率変数

考える問題によって、起こりうる結果は「サイコロを振って2の目が出る」「コインを投げて表が出る」など様々です。数学はものごとを抽象化して同一のフレームワークで扱えるようにするものですから、問題ごとに個別の事象を考えなければならないというのは数学向きではありません。そこで、現実の問題を抽象化するために確率変数を導入します。

確率変数

確率変数とは、事象を入力として実数を出力とするような関数のことです。名前に「変数」とついていますが、関数であることに注意してください。例えば、サイコロ投げの問題であれば

$$X(\text{サイコロを振って}\,n\,\text{の目が出る})=n$$

という確率変数Xを考えます。関数fの逆関数をf^{-1}と書くことにすると、

$$X^{-1}(n)=\text{サイコロを振って}\,n\,\text{の目が出る}$$

で数から結果を復元できます。Xにより「サイコロを振って2の目が出る」という結果は2という数に変換されます。これが「1から6までの整数が書かれたカードの中から2が書かれたカードを引く」という結果を考える問題であっても同じように2という数で扱うことができ、確率変数さえうまく定義すれば考えたい問題の細部は無視して数値的な議論に持って行けるのです。

このままでは「1または2の目が出る」のような「複数の結果のうち少なくともひとつが起こる」ことを表現できないため、

$$\begin{aligned}X(\{1\text{の目が出る},\,2\text{の目が出る}\})&=\{X(1\text{の目が出る}),\,X(2\text{の目が出る})\}\\&=\{1,2\}\end{aligned}$$

のようにXを「結果の集合を入力すると数の集合を出力する」関数であるとしておきましょう。

確率変数を通した確率

実は、「数学A」の「確率」では「nの目が出る」という結果を数nで表していたので、確率変数をこっそり導入していました。しかし、確率とは事象を入力として0以上1以下の数（確率）を出力とする関数であるため、数を入力として

$$P(n)=\frac{1}{6}$$

のように確率を出力することはできません。正確には

$$P(X^{-1}(n))=P(\text{サイコロを振って}n\text{の目が出る})=\frac{1}{6}$$

と書くべきですが、いちいち確率変数で数から事象を復元していては面倒なので、$P(X=n)$と略記することが慣例となっています。

連続的な結果と離散的な結果

「サイコロを振ってどの目が出るか」「コインを投げて表裏のどちらが出るか」のような試行の結果は、「3と4」のように出てくる数と数の間に隙間がある状態で**離散**的に表れます。では、「身長が何cmか」「ダーツの矢が当たったところは中心からどれくらい離れているか」のような試行だとどうでしょう。測定精度の限界を無視すれば、身長は165.87363829...のように実数として得られます。実数と実数の間に隙間はないため、結果は**連続**的に表れます。

離散的な結果を離散的な数に変換する関数を**離散確率変数**、連続的な結果を連続的な数に変換する関数を**連続確率変数**といいます。

用語のおさらい

確率変数　事象を数に変換する関数。

62 起こる確率を描く

確率分布、二項分布、正規分布

「数学1」の「データの分析」では、データにおける結果の出現頻度をヒストグラムで表しました。何のためにヒストグラムを描くのでしょうか？　それは、そのデータの確率分布を知りたいからです。

確率分布

確率変数を通すことで数と確率を対応させる関数$P(X^{-1}(n))$が手に入りました。以後、これを$P(X=n)$と略記します。横軸をn、縦軸を$P(X=n)$として棒グラフを描くと、例えば以下のようなグラフが得られます。(図1)

▼図1

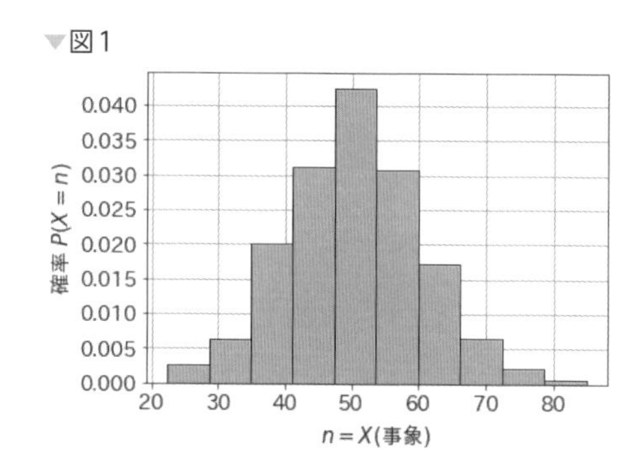

ヒストグラムと似ていますね。各数値に対応する確率にあたりをつけるために、手元のデータにおける各数値の出現頻度からヒストグラムを描くことが役に立ちます。このようなグラフを描く「数と確率を対応させる関数」を**確率分布**といいます。確率分布は大学数学では**誘導測度**とも呼ばれます。確率分布からは何がどこにどういうふうに散らばっているかがわかるため、上の図ではデータの中に50という数値に近いほどデータ内に表れやすいことがわかります。

二項分布

確率分布にはいろいろなものがありますが、ここでは代表的な一部の確率分布だけ紹介しておきましょう。コイン投げのように確率pと$1-p$で発生する2

つの結果だけを考えればいいような試行をn回繰り返してみます。このうちk回で「確率pで発生するほうの事象」が起こる確率は

$$P(X=k)={}_nC_k\,p^k(1-p)^{n-k}$$

という確率分布から得られます。この確率分布を**二項分布**といいます。コインを3回投げて表が2回出る確率は二項分布から

$$P(X=2)={}_3C_2\left(\frac{1}{2}\right)^2\left(1-\frac{1}{2}\right)^{3-2}=3\times\frac{1}{4}\times\frac{1}{2}=\frac{3}{8}=0.375=37.5\%$$

と計算できます。二項分布はnやpによってグラフの形が大きく変わりますが、nを大きくしていくとヒストグラムが以下のようにひとつ山のグラフに近づいていくということが重要です。(図2)

▼図2

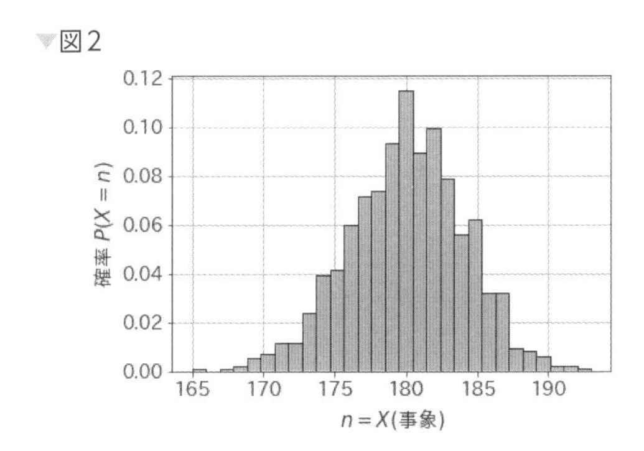

正規分布

二項分布のnを無限に大きくした極限(後に「数学3」で学びます)は、「指数関数と対数関数」で触れたネイピア数$e\fallingdotseq 2.71828$を用いて

$$\frac{1}{\sqrt{2\pi\sigma^2}}e^{-\frac{(x-\mu)^2}{2\sigma^2}}$$

と表せます。μとσはそれぞれ平均と標準偏差を表す定数です。この確率分布は**正規分布**と呼ばれ、社会現象・自然現象(身長やテストの点数など)の中によく現れる確率分布として知られています。

確率が1を超える?

確率質量関数、確率密度関数

確率変数と同じく、確率分布にも連続確率分布と離散確率分布があります。連続確率分布の出力を計算してみると、1を超えることがありますが、これはなぜでしょうか。

離散確率分布と連続確率分布

前節で紹介した二項分布は、nが大きくなるにつれてひとつの結果に割り当てられるヒストグラムの横幅が小さくなります。ヒストグラムでは発生しうる結果が多い場合に複数の値を「50から55」のようにまとめて棒（**ビン**）の数を少なくすることがありますが、そうせずに結果の数だけビンを描くと、nを大きくするにつれてビンの数が増えてビンの横幅が狭くなります。

▼図1

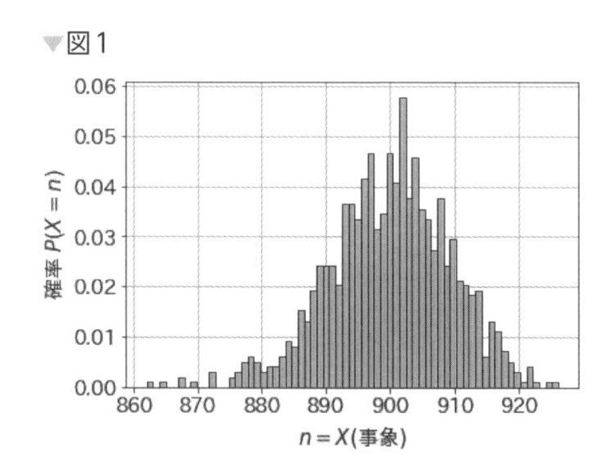

図1は、前節よりもさらにnを大きくしていった場合のヒストグラムです。nが無限に大きくなるとビンの数は無限個となり、その横幅も無限に狭くなります。離散的な結果から出てくる**離散確率分布**と、連続的な結果から出てくる**連続確率分布**では、「結果の数だけビンを描くことができるか」という点が異なります。

確率質量関数と確率密度関数

平均を0、標準偏差を0.01とした正規分布

$$\frac{1}{\sqrt{2\pi(0.01)^2}}e^{-\frac{x^2}{2(0.01)^2}}$$

で$x=0$となる「確率」は$P(X=0) \fallingdotseq 3.989$です。確率は0から1の間だったはずですが、なぜ1を超える数が出てきてしまうのでしょうか？

それは、連続確率分布の出力は離散確率分布と違って確率そのものにはならないからです。というのも、例えば連続値を取る身長において「身長がちょうど165cm」のような1点を取ることはほぼ考えられません。「身長が165.0cmから165.1cmの間」なら確率を考えられますが、取りうる無限個の数の中から1個を取ってきても確率は0となってしまうのです。連続でもちゃんと確率を定義するため、まずは離散確率分布のほうを定義しなおしましょう。

離散ではほとんどの場合、確率変数の出力は1,2,3,4,5,6のように幅1となるように定義します。そのため、複数の結果を取る確率を「各結果kの$f(k)=P(k)$とビンの幅Δxを掛けたものの総和」とすれば、「1からnのうちいずれかが出る」確率を

$$P(\{1,2,\cdots,n\}) = P(1)\times 1 + P(2)\times 1 + \cdots + P(n)\times 1 = \sum_{k=1}^{n} f(k)\Delta x$$

のように計算できます。このときの右辺のf（先ほどまで確率分布と呼んでいたもの）を**確率質量関数**と呼ぶことにし、離散確率分布は「確率質量関数の出力とビンの幅を掛けたものの総和」と新たに定めましょう。

連続確率分布はΔxが無限に小さく、離散の場合のように表すことはできません。そのため、後に学ぶ「積分」を用います。「aからbの間の数となる」確率は総和の代わりに積分で

$$P(a \leq X \leq b) = \int_a^b f(x)\,dx$$

と表します。このときのfを**確率密度関数**と呼ぶことにし、連続確率分布は「確率密度間数の出力を積分したもの」と新たに定めます。そうすると、確率密度関数の出力が1を超えても確率が1を超えることはなくなります。

64 部分から全体を知る
中心極限定理、区間推定

統計的推測にはデータが必要です。1人や2人では信頼性に欠けるので、できれば大勢のデータが欲しいところですね。全員分のデータを集めることは難しいことが多いため、できるだけ一部のデータから全体について知る方法を取りたいところです。そんなとき、統計的推測が使えます。

調査方法

小学3年生の身長について知りたいとき、データの集め方としては「全国の小学3年生全員の身長を測定する」と「一部の小学3年生の身長を測定する」の2つがあります。前者のように調べたい対象すべて（**母集団**）のデータを集めることを**全数調査**といい、後者のように一部（**標本**）のデータだけを集めることを**標本調査**といいます。だいたいの調査においては、対象すべてのデータを集めることは困難であるため、抜き出した一部から統計的手法を用いていかに全体を推測するかが重要です。男子生徒だけを測定してデータを集めると、記録される身長が高い傾向を示してしまうことは容易に想像できますよね。そのような偏りがないよう、標本調査は集めたい属性（学年）以外の属性（性別）に依存せずランダムに集める**無作為抽出**であることが望ましいのです。

中心極限定理

母集団の平均と標準偏差をそれぞれ**母平均**と**母標準偏差**といいます。標本の平均と標準偏差はそれぞれ**標本平均**と**標本標準偏差**といいます。統計的推測は、標本平均や標本分散から母平均や母分散を知りたいような場合に役立ちます。標本平均と母平均については、「母平均μ、母標準偏差σの母集団からn個の無作為抽出を行うとき、標本平均の確率分布はnが十分に大きければ平均μ、標準偏差$\frac{\sigma}{\sqrt{n}}$の正規分布となる」という**中心極限定理**がよく知られています。中心極限定理は「取ってくるデータ数が多ければ、母平均と標本平均の誤差は正規分布をなす」ということを意味しています。

区間推定

推定したいものがずばりなんであるかを1つの値として推定する方法を**点推定**といい、推定したいものはここからここの間にあるだろうと幅を持たせて推定する方法を**区間推定**といいます。

中心極限定理を応用して、母平均を区間推定する方法を紹介します。中心極限定理より、データ数が十分大きければ標本平均は平均μ、標準偏差$\frac{\sigma}{\sqrt{n}}$の正規分布をなします。言い換えれば、標本平均からμを引いて$\frac{\sigma}{\sqrt{n}}$で割れば平均0で標準偏差1の正規分布をなします。平均0で標準偏差1の正規分布（**標準正規分布**）について

$$P(-1.96 \leq X \leq 1.96) = 0.95$$

であるため、データ数が十分大きいときその標本平均$\bar{X}$について

$$P\left(-1.96 \leq \frac{\bar{X} - \mu}{\frac{\sigma}{\sqrt{n}}} \leq 1.96\right) = 0.95$$

が成り立ちます。これを変形すると

$$P\left(\bar{X} - 1.96 \cdot \frac{\sigma}{\sqrt{n}} \leq \mu \leq \bar{X} + 1.96 \cdot \frac{\sigma}{\sqrt{n}}\right) = 0.95$$

が得られます。この等式は母平均が区間

$$\left[\bar{X} - 1.96 \cdot \frac{\sigma}{\sqrt{n}}, \bar{X} + 1.96 \cdot \frac{\sigma}{\sqrt{n}}\right]$$

に入っている確率が95%であることを表しています。この区間を**95%信頼区間**といいます。注意しておかなければならないのは、この区間が「中心極限定理が成立するだけの十分な大きさのデータが揃っている」という仮定のもと決まっていることです。もし標本平均の確率分布が正規分布に十分近ければ、上の区間に母平均が含まれている確率が95%となる、ということがこの議論からわかります。

いろいろな数の表し方

n進法について

1, 3, −5, 100のような数の表し方の他にも、世の中にはいろいろな数の表し方があります。コンピュータ内部の計算で用いられる二進法や十六進法をはじめ、数を表すためには様々な手段があります。

n進法

数を記号で表す方法を**記数法**といいます。アラビア数字

$$0, 1, 2, 3, 4, 5, 6, 7, 8, 9$$

を並べる表し方は**十進法**という記数法です。n種の記号を並べる表し方はn進法と呼ばれます。n進法のnを**底**（てい）といいます。十進法は、底が10のn進法です。数xがn進法で表された状態をxの**n進表記**といいます。

コンピュータは0と1で動いているとよくいわれますが、それは**二進法**を用いているからです。二進法では0と1の2種の記号しか使わないため、0,1,2,3,4...は0,1,10,11,100...と表記されます。2が使えないため、1が出たらその先へ進むには次の位へと繰り上がるしかないのです。コンピュータは電圧の高低を0と1に割り当てて高速に変化させることで、二進法を用いて計算を行なっています。

しかし、それでは繰り上がりがすぐに発生してしまって大きな桁の数を扱う必要が出てくるため、人間にも扱いやすいよう

$$0, 1, 2, 3, 4, 5, 6, 7, 8, 9, A, B, C, D, E, F$$

の16種の記号を使う**十六進数**に変換して考えることもよくあります。二進数で15を表そうとすると1111とすでに4桁にまで大きくなった数が必要となりますが、十六進数だとFという1桁の数で済みます。1234の二進表記は10011010010という大きな桁になってしまいますが、十六進表記だと「4D2」のようにたった3桁でよいのです。

負のn進法

n進法の底nとして、負の数を考えることもできます。正の数を底とするn進法では、数が十進表記で$n^k a_k + \cdots + n^3 a_3 + n^2 a_2 + n a_1 + a_0$となるときに$n$進表記が$a_k \cdots a_3 a_2 a_1 a_0$となりました。マイナス二進法では、十進表記で$(-2)^k a_k + \cdots - 8a_3 + 4a_2 - 2a_1 + a_0$となるときに$a_k \cdots a_3 a_2 a_1 a_0$と表記します。例えば10という数は$10=8+2=2^3 \times 1+2^2 \times 0+2^1 \times 1+2^0 \times 0$と分解できるため、二進表記では1010となります。－2の冪乗で分解すると

$$
\begin{aligned}
10 &= 16 - 8 + 4 - 2 \\
&= (-2)^4 \times 1 + (-2)^3 \times 1 + (-2)^2 \times 1 + (-2)^1 \times 1 + (-2)^0 \times 0
\end{aligned}
$$

となるため、マイナス二進表記では11110となります。もしマイナス二進法を日常的に使うような国があれば、貿易をするのに相当苦労しそうですね。

時間の記数法

もっと身近なところでは、時間を表す記数法はかなり変則的な方法です。まず時間を秒・分・時・日・月・年という6つの部分に分け、秒を60で分に繰り上げ、分を60で時に繰り上げ、時を24で日に繰り上げます。日に「0日」はなく、月によって繰り上がる日数は変動します。月にも「0月」はありませんが、必ず12で年に繰り上がります。時間の記数法は、いろいろな記数法をミックスしたものであるといえそうです。

Bijective Numeration

表計算ソフトの列名はA, B, C...と進んでいった後、Zまで達すると次の列名はAAと2桁に繰り上がります。アルファベット26文字を用いた「二十六進法」とでも呼びたいところですが、なんだか少し違うようです。この記数法がn進法と異なるのは、繰り上がったときに飛ばされる“0”に相当する記号がないところです。この記数法は英語で**Bijective Numeration**と名付けられているそうですが、おそらくまだ定まった日本語訳はありません。Bijectiveは数学用語で「全単射」(一対一対応していること)であることを表すので、「全単射記数法」などと呼んでおくのがよさそうです。

干支と公倍数

最小公倍数と最大公約数

60歳になると還暦祝いをしますが、なぜ「60歳」に「還暦」祝いをするのかご存じでしょうか？　どうやら「干支」が60年で一巡することが由来らしい、ということは有名ですが、60という数字はどこから出てきたのでしょう。

なぜ「還暦」？

最近は年賀状を書かない人が増えていますが、まだ年賀はがきを見る機会はあるのではないでしょうか。年賀はがきの左上には、新年の干支が描かれています。正確には、干支を構成する十干（じっかん）と十二支が描かれています。「甲、乙、丙、丁、戊、己、庚、辛、壬、癸」の十干と「子、丑、寅、卯、辰、巳、午、未、申、酉、戌、亥」の十二支を組み合わせて「甲子」などと並べたものが干支です。

「**還暦**」は干支の組み合わせが60種類であることに由来します。12種類と10種類の組み合わせなので、60歳（61年目）になると元の干支に戻ってくるのです。ここで「10種類と12種類の組み合わせなのだから、掛け合わせて120種類が考えられるのではないか？」と疑問に思ったかたがいるかもしれません。確かに何の条件もなしに十干と十二支の組み合わせを考えると120種類になるのですが、このすべてが実際に組み合わせとして実現するわけではありません。例えば、「甲丑」という組み合わせは干支として現れません。

最小公倍数

これは10と12の最小公倍数が60であることが原因で起こります。**公倍数**とは、2つ（もしくはそれ以上）の整数のどちらの倍数にもなる数のことです。2と3の公倍数は6,12,18,24,30,...と無数にあります。この中で最小のものを**最小公倍数**といいます。2と3の最小公倍数は6です。

整数aとbの最小公倍数は「周期aのものと周期bのものを同時に開始させて、次に両方ともが開始状態になるまでの時間」を表します。周期10年のもの（十干）は60年時点で6回目の開始状態になり、周期12年のもの（十二支）は60年時点で5回目の開始状態になります。どちらも開始状態になるということは最初の状態に戻るということであり、それ以降は新しい組み合わせが現れません。そのため、「甲丑」のような組み合わせが実現することはないのです。「甲」を初日から入って10日ごとに出勤するアルバイトに、「丑」を2日目から入って12日ごとに出勤するアルバイトに置き換えると、「このふたりが同時に働く日はない」と表現することもできます。

最大公約数

最小公倍数と対になる概念として、最大公約数があります。**公約数**とは、ふたつ（もしくはそれ以上）の数のどちらの約数にもなる数のことです。**約数**はその数を割り切ることのできる数のことでした。24と36の公約数は1,2,3,4,6,12です。公倍数と違い、公約数には上限があるため（ほとんどの場合は）無数にはありません。公約数のうち最大のものを**最大公約数**といいます。24と36の最大公約数は12です。整数a,bの最大公約数と最小公倍数の間には

$$\frac{x \times b}{\text{最大公約数}} = \text{最小公倍数}$$

という関係が成り立ちます。分母分子に最大公約数を掛けて、

$$a \times b = \text{最小公倍数} \times \text{最大公約数}$$

と言い換えることもできます。実際、24と36の最小公倍数72と最大公約数12を掛け合わせた$72 \times 12 = 864$は$24 \times 36 = 864$と一致しています。この等式により、最小公倍数と最大公約数のいずれか一方がわかっていれば、もう一方もわかります。

用語のおさらい

最小公倍数　いくつかの整数のどの倍数にもなる数のうち最小のもの。
最大公約数　いくつかの整数のどの約数にもなる数のうち最大のもの。

最大公約数は最大の公約数ではない？

先ほど最大公約数を「公約数のうち最大のもの」と定義しましたが、実際には少し困る場面が出てきます。0を1で割っても2で割っても0です。0は0以外のどんな整数で割っても0であるため、約数は無数にあります。「ほとんどの場合は」と書いたのはこの例があるためです。0と0の公約数もまた無数に考えられてしまいます。これでは、最大の公約数を考えることができません。

そこで、数に対する大小関係を「ある数がある数を約数にもつ」ことから考えてみましょう。12は6を約数としてもつので、12は6よりもある意味で「大きい」と思ってみるわけです。そうすると、24と36の公約数1,2,3,4,6はいずれも12の約数であるため、12が約数による大小関係においても「最大」となります。このように、最大公約数を「公約数のうち最大のもの」と定義して問題のないケースでは「約数による大小関係」で考えた最大公約数と同じものが選ばれます。

これで、0と0のような「公約数のうち最大のもの」がないものについても最大公約数を考えることができるようになりました。「割り切れる」という言葉をきちんと定義していなかったので、整数a,bがある整数cを用いて$a=bc$と表せるときに「aはbで割り切れる」ということにしましょう。そうすると、少し不思議な感じがしますが「0は0で割り切れる」ことになります。

すなわち、0は0の約数です。0と0の公約数0,1,2,3,4,5,...はいずれも0の約数であるため、「約数による大小関係」では0が最大の公約数となります。よって、0と0の最大公約数は0です。いちばん小さい公約数なのに「最大」公約数とは、なんとも奇妙ですね。

数学偉人伝

アブラーム・ド・モアブル（1667～1754年）

ド・モアビルは、イギリスの数学者です。確率に関する重要な論文「偶然の原理」や「級数と求積とに関する解析学の諸問題」などを発表しました。ニュートンやハリーらと親交があり、1697年に王立協会会員になりました。三角法で、ド・モアブルの定理を、確率で正規分布曲線を発見したことで有名です。

ユークリッドの互除法

最大公約数を効率的に見つけ出すための方法として、**ユークリッドの互除法**が有名です。大きな数同士であればあるほど公約数はたくさん出てきてしまうため、最大公約数を見つけることが難しくなってきます。対して、小さな数同士であれば最大公約数は比較的すぐに見つけられます。「大きな数同士から最大公約数を見つけ出す」という問題を「小さな数同士から最大公約数を見つけ出す」という問題に変換して解くのがユークリッドの互除法の基本的なアイデアです。整数aを整数bで割ったときの商をq、あまりをrとすると、

$$a = bq + r$$

と書くことができます。紙面が足りないため証明は省きますが、このとき「aとbの最大公約数はbとrの最大公約数に等しい」という定理が成り立ちます。aとbよりもbとrのほうが小さな数同士の組となるため、これを繰り返していけば「同じ最大公約数で小さな数同士の組」が得られていくわけです。あまりが0になるまで繰り返すと、その時点で出てきた最後の組は「ある整数mと0の最大公約数」となりますが、こうなるとm自身が最大公約数であるとわかります。というのも、0の約数は「すべての整数」なので、mと0の公約数はmの約数となり、その中で最大のものはm自身となるからです。こうしてあまりが0になるまで商とあまりを計算していくのがユークリッドの互除法です。

実際に最大公約数を計算してみましょう。2023と1995の最大公約数は、ユークリッドの互除法を用いると

$$2023 = 1995 \times 1 + 28$$
$$1995 = 28 \times 71 + 7$$
$$28 = 7 \times 4 + 0$$

と変換でき、最後に7と0の組が得られたため、7であるとわかります。

誕生日の曜日を求めるには

合同式、剰余類

みなさんは自分の誕生日を覚えていますか？　そんなの覚えていて当たり前だと思ったでしょう。人によっては、時刻まではっきりと記憶しているかもしれません。では、誕生日が何曜日だったかわかりますか？　この節では、誕生日の曜日を忘れてしまってもすぐに求められる方法をお教えします。

あまりの等しさで分類する

あなたは「今日が何曜日だったか」を忘れてしまったとき、どうしていますか？カレンダーを見たり、手元のスマートフォンで確認したり、すぐに調べる方法はいくらでもあります。まず答えを見てしまうのでもよいのですが、もしも同じ月の別の日の曜日がわかっていた場合、私は1週間が7日であることを利用して今日の曜日を計算しています。再来週の20日には大切な用事があり、その日が金曜日であることをしっかりと覚えていたとしましょう。20日と同じ金曜日なのは、13日と6日です。これは7で割ったあまりがいずれも6であることからわかります。今日が5日であれば、6日金曜日の前日なので木曜日である、と判断できるわけです。

曜日のように、周期のあるものは「周期で割ったあまり」が何であるかで分類することができます。整数a,bをnで割ったときのあまりが等しいとき、

$$a \equiv b \pmod{n}$$

と書くことにしましょう。この式を**合同式**といい、「nを法としてaとbは合同である」と表現します。整数同士の「nで割ったときのあまりが等しい」という関係を**合同関係**といいます。複数の整数の組の合同関係を考える場合は

$$a \equiv b, c \equiv d \pmod{n}$$

などと最後にひとつだけ(mod n)を書きます。**法**とは「割る数」のことで、英語ではmodulusと呼ばれます。これが合同式の中のmodの由来です。先ほどの曜日計算の例では、以下のような合同式を考えていました。

$$20 \equiv 13 \pmod{7}$$
$$20 \equiv 6 \pmod{7}$$

誕生日の曜日を求めてみよう

合同式を用いて、誕生日の曜日を求めてみましょう。まず、誕生日から今日までの日数を知る必要があります。2023年10月5日は1995年3月23日から28年6ヶ月12日後です。1年は閏年を除いて365日で、4で割り切れる年（1996,2000,2004,2008,2012,2016,2020）は閏年なので、2023年3月23日は1995年3月23日の

$$365 \times 28 + 7 = 10227 \text{日後}$$

です。2023年3月23日から2023年9月23日までの6ヶ月間には1ヶ月が30日の月がふたつあるため、

$$31 \times 6 - 2 = 184 \text{日後}$$

です。これらを合わせると、2023年10月5日は1995年3月23日から

$$10227 + 184 + 12 = 10423 \text{日後}$$

であることがわかります。

$$10423 \equiv 0 \pmod{7}$$

なので、1995年3月23日は2023年10月5日と同じ木曜日です。

あまりが等しいものたち

合同関係によって、あまりで整数を分類することができました。曜日の例で見たように、周期7の場合は無数にある整数がたったの7種類だけを考えればよくなります。合同関係にある整数をすべて集めた集合を**剰余類**（じょうよるい）といい、あまりの整数を集めた剰余類を$\bar{r}$と書きます。10月の1日から31日を7で割った剰余類には$\bar{0},\bar{1},\bar{2},\bar{3},\bar{4},\bar{5},\bar{6}$の7個があり、例えばあまり3の剰余類は

$$\bar{3} = \{3, 10, 17, 24, 31\}$$

という集合になっています。これは5日が木曜日だったときの「火曜日となる日の集合」です。

memo

第5章 数学3

この章では、「極限」と「微分法・積分法」について学びます。これらは解析学の基礎となる概念であり、応用数学になくてはならないものです。

ゴットフリート・ライプニッツ（1646～1716年）

トーマス・ベイズ（1701～1761年）

無限ってどういうこと?

無限大、無限小

「無限」とは何でしょうか。「無限大」や「無限小」といった言葉で使われるように、日常とはかけ離れた途方もないものを説明する概念のようです。その「途方もなさ」とは、いったいどんな途方もなさなのでしょう。ここでは、後に出てくる微積分でも重要となる「無限」について学びます。

無限

無限とは、その文字が表す通り「限りがないこと」です。例えば、1だとか43だとか35691825391845682918だとか、個々の自然数はいくら大きいものを取ろうとしても**有限**(無限ではない、すなわち限りがあること)ですが、0,1,2,3,... と自然数を用いて何かを数えていくことは限りなくできるので、自然数をすべて集めた集合は無限個の要素を持っているといえます。このことから、**無限大**を「どんな自然数よりも大きな数」と定義することもあります。ふつうの(高校数学で扱える範囲の)「数」はすべて有限であるため、記号∞を導入してこれを「どんな自然数よりも大きな数」とするのがよくあるやり方です。高校数学における無限は、この∞記号を用いて表現されます。「数学2」で導入した極限記号を使うと、

$$\lim_{n\to\infty} n = \infty, \qquad \lim_{n\to\infty} n^2 = \infty$$

のように書くことができます。

無限大の計算

面倒なことに、この∞というやつはふつうの数のようには扱えません。正の無限大となんらかの正の数x(有限でも無限大でもよい)の足し算は

$$\infty + x = \infty$$

となります。限りなく大きいものに何かを加えても限りなく大きいことに変わり

はありません。xが負の有限数だったとしても、限りなく大きいものから有限ぶんだけ何かを引いたくらいでは限りなく大きいことは揺るぎません。しかし、xが負の無限大（限りなく大きいものにマイナスをつけたもの）だった場合はどうでしょう。言い換えると、限りなく大きいものから限りなく大きいものを引くと、何が起こるでしょうか。

$$\infty - \infty = ?$$

$1+2+3+4+\cdots$という単純な例で考えてみましょう。$X=1+2+4+8+\cdots$と2^nを限りなく足し合わせていったものは正の無限大となります。第2項以降を2でくくると、

$$X = 1 + 2(1 + 2 + 4 + \cdots) = 1 + 2X$$

と書き換えられます。Xについてこれを解くと、$X=-1$が導かれますが、Xは無限大だったはずなのでこれは矛盾です。なぜこんなことになってしまうのかというと、上記の式を「Xについて解く」過程で「正の無限大から正の無限大を引く」という操作が必要になるからです。この後、実際に見てみますが、$\infty-\infty$という計算は、引かれる側と引く側がそれぞれどのように「限りなく大きい」かによって様々な値になりえます。「限りなく大きい」と一口にいっても、個々の∞がどんなふうに「限りなく大きい」のかは∞という記号ひとつでは表現しきれないため、引き算のように大きさを比較する際には注意が必要です。

無限小

限りなく大きいものを考えるなら、逆に限りなく小さいものも考えたくなります。「$1/$大きな数」は小さな数となるため、「どんなに大きな自然数nを用いた$\frac{1}{n}$よりも小さな数」なんてものを考えるのがよいでしょう（「どんなに小さな実数よりも小さな数」ともいえます）。実際、高校数学では**無限小**を$\frac{1}{\infty}$で表します。ここで気をつけなければならないのは、無限大と無限小の掛け算（すなわち無限大割る無限大）$\frac{\infty}{\infty}$が何なのかが必ずしも計算できないことです。引き算と同様に、分母と分子の無限大がどのくらい「限りなく大きい」のかが∞という記号ひとつでは表しきれないためです。

限りなく足していくと…

数列の極限(無限数列、無限級数)

「限りがないこと」に達するための最も単純な方法は、数を限りなく足し合わせていくことです。1を限りなく足していくと、どんなに大きな自然数nでも、n回以上の足し合わせで超えることができます。では、数を限りなく足していくと必ず無限大に到達するのでしょうか? 実は、そうとは限りません。

無限数列

「数学B」の「数列」の節では、限りなく続く数列ではなく有限の長さの数列を考えました。「無限」という道具を手に入れたいま、我々は**無限数列**を考えることができます。無限数列とはその名の通り限りなく続く数列で、

$$\{a_n\}_{n=1}^{\infty}$$

というふうに添字nの動く範囲を無限大∞まで拡張した数列として表します。無限数列はいくらでも先の値を考えることができるため、極限

$$\lim_{n\to\infty} a_n$$

がどうなっているのか、が主な関心ごととなります。無限数列$\{a_n\}_{n=1}^{\infty}$の極限がひとつの値に定まるときに$\{a_n\}_{n=1}^{\infty}$は**収束**するといい、そうでない場合は**発散**するといいます。特に、$\lim_{n\to\infty} a_n = \infty$のときは**正の無限大に発散**する、$\lim_{n\to\infty} a_n = -\infty$のときは**負の無限大に発散**する、どちらでもないとき(例えば−1と1を交互に行ったり来たりするような場合)は**振動**するといいます。

無限級数

(数に限らない)列の総和を**級数**といいます。数列ほどあまり考えることはありませんが、関数の列$\{f_n\}_{n=1}^{\infty}$なんかを用意して、その総和

$$f(x) = f_1(x) + f_2(x) + \cdots$$

により定義した関数fも級数です。たんに「級数」というときは無限列の総和で

ある**無限級数**を指すことが多く、有限列の総和は**有限級数**と呼びます。最後の項まで（無限列の場合は有限項までしか）足し上げないような総和を**部分和**といい、無限級数SはN項目までの部分和S_Nの極限

$$S = \lim_{N\to\infty} S_N = \lim_{N\to\infty}\sum_{n=1}^{N} a_n$$

で定義されます。

　無限個のものを足しているので、これは無限大になってしまいそうですが、必ずしもそうなるとは限りません。数列$\{a_n\}_{n=1}^{\infty}$が0に収束しないとき、その和である$\{S_N\}_{N=1}^{\infty}$も収束せず、$\lim_{n\to\infty} a_n = 0$ となるとき、$\{S_N\}_{N=1}^{\infty}$は収束したりしなかったりします。例えば、

$$a_n = \frac{1}{n}$$

で定義される数列$\{a_n\}_{n=1}^{\infty}$は0に収束しますが、無限級数

$$1 + \frac{1}{2} + \frac{1}{3} + \cdots$$

は正の無限大に発散します。ちなみに、この無限級数（$1/n$の無限和）は**調和級数**と呼ばれています。対して、

$$b_n = \frac{1}{n^2}$$

で定義される数列$\{b_n\}_{n=1}^{\infty}$から得られる無限級数

$$1 + \frac{1}{2^2} + \frac{1}{3^2} + \cdots$$

は$n^2/6$に収束することが知られています。

用語のおさらい

無限数列　添字に限りがない数列。
級数　列の総和。無限級数を指すことが多い。
部分和　列の途中までを足し上げた和。

いろいろな「限りなさ」

極限、不定形

「無限」は「限りがないこと」と定義しました。「無限ってどういうこと？」でも見た通り、同じ「無限」でもどのように「限りがない」かが異なるような無限を考える必要があるため、∞という記号ひとつで無限を考えるのは危険です。ひとつの値に定まらないような極限を不定形といいます。ここでは不定形の具体例を見ながら、いろいろな「限りなさ」について考えてみましょう。

極限

極限とは、ある変数をある値に限りなく近づける操作、またはその結果得られる値のことです。x^2+2x+3 のxを2に限りなく近づければ$2^2+2\times2+3=11$となりますし、∞に限りなく近づければ（つまりxを限りなく大きくしていけば）∞となります。勘のいい人は、前者については「2 に限りなく近づける」だなんていわずに「2 を代入する」でいいじゃないか、と思ったかもしれません。けれども、「限りなく近づける」ことと「代入する」ことは微妙に違います。この違いについても後ほど説明します。

不定形

例えば、以下のような極限を考えてみましょう。

$$\lim_{x\to\infty}\frac{5x^3}{x^3}$$

これは分母も分子も無限大となる極限です。ただし、xを大きくすることを考える極限であるため、$x\neq0$として分母と分子をx^3で割ることができます。すると、残るのは5だけですから、この極限は5となります。

同じく分母も分子も無限大となる以下のような極限を考えてみましょう。

$$\lim_{x\to\infty}\frac{5x^3-8x+1}{x^2+3x+20}$$

分母と分子をx^2で割ると、

$$\lim_{x\to\infty}\frac{5x-\dfrac{8}{x}+\dfrac{1}{x^2}}{1+\dfrac{3}{x}+\dfrac{20}{x^2}}$$

と書き換えられます。この中で、xを限りなく大きくしても0に近づいていかない項は、$5x$と1だけであるため、この極限は

$$\lim_{x\to\infty}\frac{5x}{1}$$

と同じ値になります。これはもちろん、無限大です。同じ「無限大割る無限大」でも、有限値になったり無限大になったりします。このように、ひとつの値に定まらないような極限を不定形といいます。不定形には前節で紹介した$\infty-\infty$と$\dfrac{\infty}{\infty}$のほかに、$\dfrac{0}{0}$、$0\times\infty$、∞^0、1^∞、0^0があります。限りなく大きくなっていく(∞が現れる)ような極限と限りなく小さくなっていく(0が現れる)ような極限は様々な値を取りうるため、注意が必要です。

安全な「限りなさ」

高校数学では取り扱い注意な「無限」ですが、さらに高度な数学ではもう少し安全な「無限」を考えることができます。普通の数学では、自然数→整数→有理数→実数と「数」の概念を広げていきますが、さらにその先の**超実数**という「数」を考えることで、普通の数のように扱える「無限」が定義できます。超実数には、どんなに大きな実数より大きい無限大数や、どんなに小さな実数より小さい無限小数もあり、∞記号と違って普通の数と同じように四則演算ができます。これは便利ですね。しかし、超実数を定義するためには集合と論理を用いた複雑な理論が必要であるため、あまり使われることはありません。

用語のおさらい

極限　ある変数をある値に限りなく近づける操作。またはその結果得られる値。
不定形　様々な値を取りうるような極限。

限りなく近づけるとは?

関数の極限(関数の連続性)

限りなく近づけることは代入することと似ていますが、これらの操作は微妙に違います。関数が連続であれば極限を代入によって求められますが、そうでない場合は求められません。高校数学で扱うだいたいの関数はどの点でも連続ですが、たまに不連続なものも出てくるので油断は禁物です。ここでは、不連続な関数とその極限の例を見てみましょう。

連続

関数fが点aで繋がっているとき、fはaで**連続**であるといいます。定義域のどの点でも連続な関数は**連続関数**と呼ばれます。連続でないときは**不連続**であるといいます。「繋がっている」場合と「繋がっていない」場合をそれぞれ直感的に表現したのが図1と図2です。

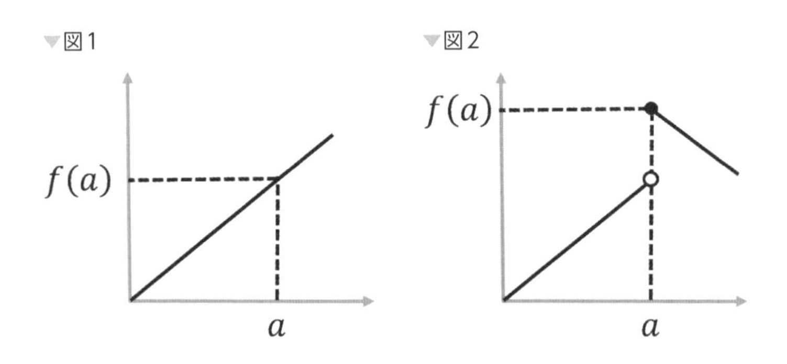

「繋がっていない」ほうの白丸はその点に値をとらないことを表し、黒丸はその点に値をとることを表します。つまり、関数fは点aでジャンプして、そのまま「繋がって」いればとっていたはずの値よりも大きい値をとっています。

このことを数学の言葉でちゃんと定義しましょう。関数fが点aで連続であるとは、

$$\lim_{x \to a} f(x) = f(a)$$

が成り立つ、すなわち極限がfにaを代入した値$f(a)$によって直接求められることを意味します。もちろん、fの定義域にaが入っておらず$f(a)$が定義できなかったり、極限が無限大になってしまったりする場合は、この等式は成り立たないため、連続であるとはいえません。

左から近づくか右から近づくか

図2を見てみると、確かに左からaに近づいていった場合はそのまま「繋がって」いればとっていたはずの値と$f(a)$は異なりますが、右から近づいていった場合はそうでもなさそうです。

グラフを右から指でなぞっていくと、「繋がって」いればとっていたはずの値を$f(a)$がきちんととっているように見えます。これでは、「連続」であることの定義を満たしてしまわないでしょうか？

実のところ、その心配はありません。左から近づいた極限（**左極限**）と右から近づいた極限（**右極限**）が一致しないときは、「極限は（ひとつに定まった値として）存在しない」と考えてよいのです。逆に、「極限が存在する」ことは「左極限と右極限が存在して、それらが一致する」ことで保証できます。左極限はマイナス側から近づいていくため、近づける先の値の後ろに-0をつけて

$$\lim_{x \to a-0} f(x)$$

と書き、右極限はプラス側から近づいていくため$+0$をつけて

$$\lim_{x \to a+0} f(x)$$

と書きます。

用語のおさらい

連続　繋がっていること。すなわち、代入した結果と極限値が一致すること。

不連続　連続でないこと。

左極限　左から近づいた極限。

右極限　右から近づいた極限。

変化の大きさは?

平均変化率、微分係数

何かが動くときの変化の大きさを比べるには、どうすればよいでしょうか?微分係数を計算すれば、極めて短い瞬間の変化の大きさがわかります。

平均変化率

2次関数$f(x)=x^2$の変化の大きさについて考えてみましょう。関数の出力$f(x)$はxを動かすと変化するので、xをx_0からx_0+hまでhだけ動かしたとき$f(x)$は$f(x_0)$から$f(x_0+h)$まで変化します。「変化の大きさ」はhに対して$f(x)$がどれだけ動いたかという比率

$$\frac{f(x_0+h)-f(x_0)}{h}$$

であるといえます。この比率をx_0からx_0+hまでの**平均変化率**といいます。(図1)

▼図1

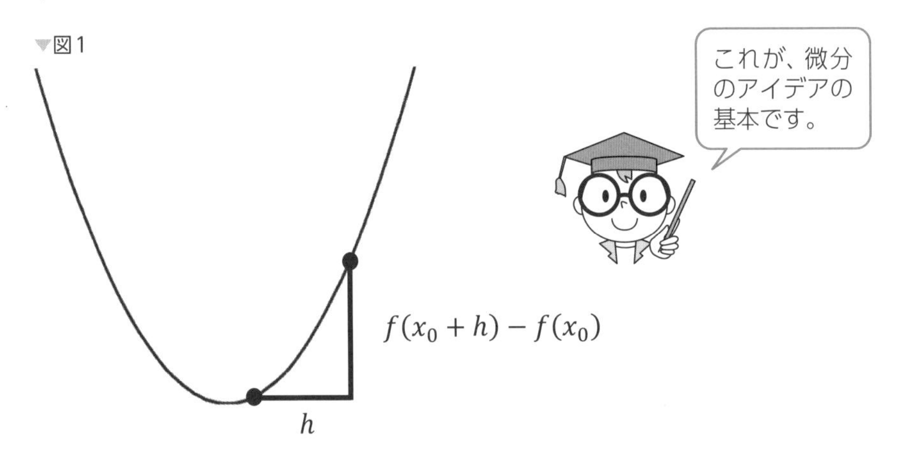

例えば、xが2から3まで動いたときの$f(x)=x^2$の平均変化率は

$$\frac{f(3)-f(2)}{3-2}=\frac{9-4}{1}=5$$

となります。xが4から5まで動いたときの平均変化率は

$$\frac{f(5)-f(4)}{5-4}=\frac{25-16}{1}=9$$

となるため、2から3まで動くときよりも変化の大きさが大きくなっています。

平均変化率で変化の大きさを比べることにはひとつ大きな問題があります。平均変化率はxを動かす範囲をどう取るかに値が依存するため、hを変えると大きく変わってしまうのです。何と何をどう比べたいかによって、hを何にするか慎重に決めなければいけません。そこで、xを動かしていく中での各瞬間で、ほとんど0に近いような極めて小さい変化を考えます。平均変化率のhを限りなく0に近づけた

$$\lim_{h\to 0}\frac{f(x_0+h)-f(x_0)}{h}$$

を考えましょう。上で定義した平均変化率の極限を$f(x)$のx_0における**微分係数**といい、

$$f'(x_0),\qquad \frac{df}{dx}(x_0),\qquad \frac{d}{dx}f(x_0)$$

などの記号で表します。微分係数は$f(x)$の各点における瞬間的な変化の大きさを表しているため、xを動かす範囲を考える必要がありません。$f(x)=x^2$の$x=3$における微分係数は

$$f'(3)=\lim_{h\to 0}\frac{f(3+h)-f(3)}{h}=\lim_{h\to 0}\frac{(9+6h+h^2)-9}{h}=\lim_{h\to 0}\frac{6h+h^2}{h}=\lim_{h\to 0}(6+h)$$

となり、$x=5$における微分係数は同様に計算して$f'(5)=10$となります。

微分係数$f'(x_0)$のx_0を変数とみなせば、xについての関数

$$f'(x)=\lim_{h\to 0}\frac{f(x+h)-f(x)}{h}$$

を考えることができます。この関数を**導関数**といい、導関数を求めることを**微分**といいます。例えば、$f(x)=x^2$の導関数は

$$f'(x) = \lim_{h \to 0} \frac{(x+h)^2 - x^2}{h} = \lim_{h \to 0} \frac{x^2 + 2hx + h^2 - x^2}{h} = \lim_{h \to 0} (2x + h) = 2x$$

です。$f(x) = x^n$ の形の関数の導関数を計算してみると、$f'(x) = nx^{n-1}$ となります。好きな n をひとつ選んで、実際に導関数を計算してみましょう。

いつでも微分できるとは限らない

微分係数

$$\lim_{h \to 0} \frac{f(x_0 + h) - f(x_0)}{h}$$

がいつでも考えられるとは限りません。$f(x) = |x|$ という関数の x が 0 から h まで動いたときの平均変化率

$$\frac{f(0+h) - f(0)}{h} = \frac{|h| - |0|}{h} = \frac{|h|}{h}$$

は h が正のとき 1 で負のとき -1 となります。「h を限りなく 0 に近づける」といっても、0.1,0.01,0.001,... と近づけていくか −0.1, −0.01, −0.001... と近づけていくかで極限が変わってしまうのです。このように、関数 $f(x)$ の $x = x_0$ における微分係数が計算できないことを $f(x)$ は $x = x_0$ で**微分不可能**であるといい、微分係数がきちんと計算できることを**微分可能**であるといいます。

AIへの応用には微分可能な関数が使われることが多いので、大体の場合は大丈夫です。でも、油断は禁物！

接線の方程式を求めてみよう

関数の接線

関数を微分することでわかることのひとつに、「その点における接線の傾きがわかる」があります。微分係数を計算し、接線の方程式を求めましょう。

関数の接線

関数のグラフと1点で接するような直線を**接線**といいます。

その点での接線の方程式$y=ax+b$の傾きはその点における微分係数と一致しています。このことは、微分係数が平均変化率の極限であることを思い出せばイメージしやすいと思います。

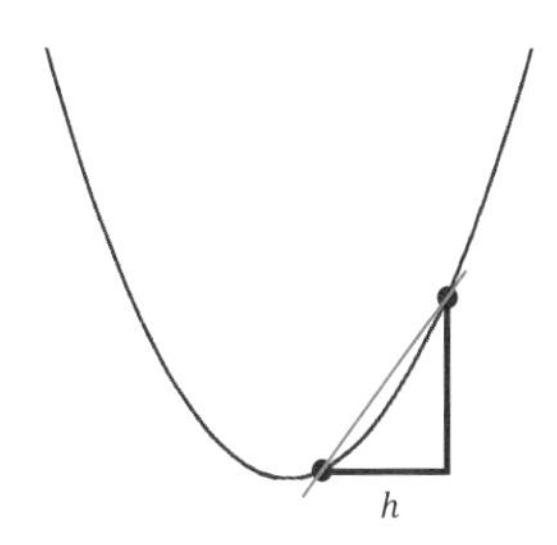

平均変化率を考えたい2点$(x_0, f(x_0)), (x_0+h, f(x_0+h))$を通る直線を引いてみましょう。この直線の傾きは

$$\frac{f(x_0+h)-f(x_0)}{h}$$

であるため、平均変化率と一致します。hをどんどん小さくしていくと、直線が通る2点はどんどん近づいていきます。hが0になったとき、2点$(x_0, f(x_0))$,$(x_0+h, f(x_0+h))$は同じ点になり、直線が通る点は1点となるため、この直線は関数の接線となります。よって、hを限りなく0に近づけた極限である微分係数は接線の傾きに一致するのです。

接線の方程式を求める

関数を微分して、接線の方程式を求めてみましょう。点x_0における接線の方程式の傾きは$f'(x_0)$であるため、接線の方程式は

$$y=f'(x_0)x+b$$

という形になっています。この方程式で表される直線が点$(x_0, f(x_0))$を通るので、方程式は

$$f(x_0)=f'(x_0)x_0+b$$

を満たします。これで$b=f(x_0)-f'(x_0)x_0$であることがわかりました。元の方程式に代入してみると

$$y=f'(x_0)x+f(x_0)-f'(x_0)x_0$$

が得られます。少し形を整えて

$$y-f(x_0)=f'(x_0)(x-x_0)$$

としましょう。これを用いて、$f(x)=x^2$の$x=3$における接線の方程式を求めます。$f(x)=x^2$の$x=3$における微分係数は6であったため、接線の方程式は

$$y-9=6(x-3)$$

です。$y=ax+b$にしたい場合は少し計算すれば

$$y=6x-9$$

が得られます。

最大になるのはいつ?

導関数、関数の最大化

「数学1」の「2次関数」では、関数の出力が最大となる入力は何であるかを考えました。ここでは、関数を微分することでこの問題を解いてみましょう。

導関数の導関数

導関数は関数の各点における変化の大きさを表していました。では、導関数の導関数は何を意味するのでしょうか? $f(x)=x^2$の導関数$f'(x)=2x$を再度微分してみると、

$$f''(x)=\lim_{h\to 0}\frac{2(x+h)-2x}{h}=\lim_{h\to 0}\frac{2h}{h}=2$$

となります。これは、直線$y=2x$がいつも同じペース(傾き2)で増加していることを意味しています。……というのは直線を微分することの意味であって、導関数の導関数が何であるかの回答にはなっていませんね。導関数は変化の大きさであるということを素直に当てはめてみると、導関数の導関数は「変化の大きさの変化の大きさ」です。

ちょっとややこしいですが、車を運転していれば日常生活でも「変化の大きさの変化の大きさ」を考えることがあるはずです。車のアクセルペダルは、踏み込んだ分だけ走行速度を上げます。逆にブレーキペダルは走行速度を下げます。速度は移動距離÷時間という「変化の大きさ」を表す数値であるため、ペダルをどれくらい踏み込んだか(=速度をどれだけ変えたか)で「変化の大きさの変化の大きさ」が決まります。微分をn回して求められた導関数を**n階導関数**といい、

$$f^{(n)}(x),\qquad \frac{d^nf}{dx^n}$$

などで表します。「n階導関数」の「階」の漢字は「回」ではないことに気をつけましょう。

関数の最大化

あるもの（関数の出力）が増えるとき、その変化の大きさ（微分係数）は正となり、減るときは負となります。増えたり減ったりするものが最大になるのは「増えた後」かつ「減る前」の瞬間すなわち「変化の大きさが0となる瞬間」であるといえます。増えきった後でなければまだこれから増えるので最大ではありませんし、減りはじめたら最大からはどんどん遠ざかってしまいます。2次の項の係数が負であるような2次関数は頂点の値が最大値となりましたが、これもちょうど「増えた後」かつ「減る前」ですね。

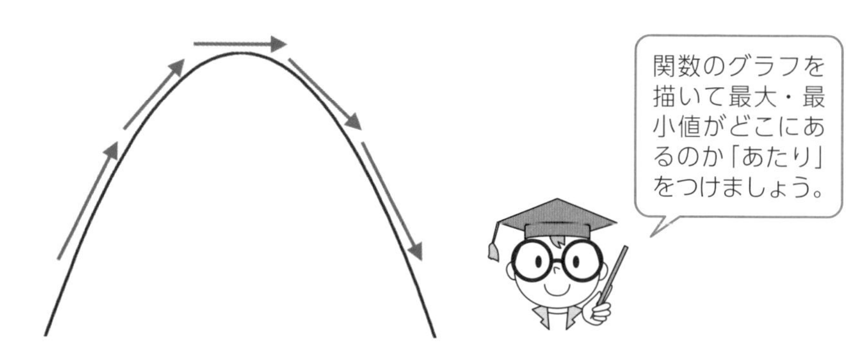

よって、導関数が0となる点で関数の出力は最大となります。と、言いたいところですが、そうとは限りません。2次関数のように「変化の大きさが0となる瞬間」が一度しか訪れないシンプルな関数ならよいのですが、「変化の大きさが0となる瞬間」が複数回訪れるような関数は「導関数が0となる点」の中のどれで最大となるのかがわかりません。「関数の出力が最大となる点」と同様に「関数の出力が最小となる点」も導関数は0となるため、取り違えると大変なことになります。そのため、「増えた後」かつ「減る前」の点（2回微分可能であれば導関数の導関数が0となる点）で関数が取る値は**極大値**と呼ばれます。「減った後」かつ「増える前」を**極小値**と呼び、極大値と極小値をまとめて**極値**といいます。

極大値を取る点では、「変化の大きさ」は正から負となるため、「変化の大きさの変化の大きさ」は負となります。逆に極小値を取る点では「変化の大きさの変化の大きさ」は正となります。

最大値を求めてみる

実際に関数の最大値を求めてみましょう。関数$f(x)=x^3+5x^2$の最大値を取る点の候補は

$$f'(x) = 3x^2 + 10x = x(3x + 10) = 0$$

から、0と$-\frac{10}{3}$です。2階導関数は

$$f''(x) = 6x + 10$$

で、これは0で正、$-\frac{10}{3}$で負となります。よって、前者で極小値を取り、後者で極大値を取ります。これら以外に最大値を取る点の候補はないため、関数$f(x)=x^3+5x^2$の出力が最大となるような入力は$-\frac{10}{3}$であることがわかりました。

傾きを小さくしていく

微分を用いて傾きを計算し、関数を最大化・最小化する手順は**勾配法**と呼ばれます。勾配法のひとつである**最急降下法**では、まずランダムに初期値x_0を選び、微分係数を求めます。あらかじめ決めておいたステップ幅αを掛けて、次の点

$$x_{n+1} = x_n - \alpha \frac{df}{dx}(x_n)$$

に移動します。傾きが大きければ大きく移動して、傾きが小さければその場からあまり動きません。これを繰り返して、傾きができるだけ小さな点を見つけようというのが最急降下法です。勾配法は機械学習でパラメータを最適化するのにも用いられています。

曲線で囲まれた部分の面積は?

定積分、不定積分

この節では、微分と対になる操作である積分を紹介します。積分は面積や体積を求める操作で、「瞬間の変化」を計算する微分とは逆に「変化の積み重ね」を計算します。

面積を求めるには

四角形の面積は縦の長さ掛ける横の長さで求めることができました。こういう単純な図形の面積であればすぐ計算できますが、図1の着色部分の面積はどうでしょう。

▼図1

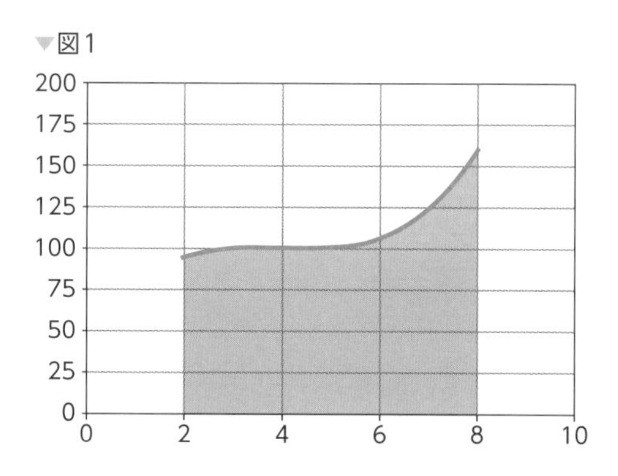

これは求めるのが難しそうです。そこで、もっと面積を求めやすい近い形の図形の面積をまずは求めてみましょう。まずは面積の近そうな四角形をひとつ配置すると、この面積は縦×横ですぐにわかります(図2)。

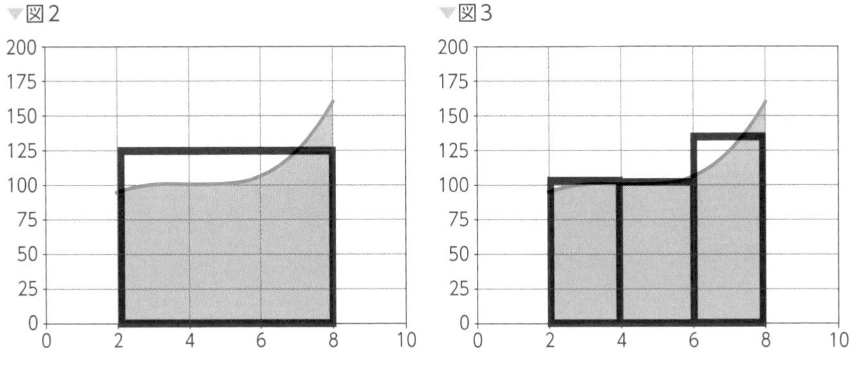

もっと面積が近くなるように、複数個の四角形を配置してみましょう（図3）。これも縦掛ける横で計算した各四角形の面積を足していった

$$\sum_{k=1}^{n}(x_k - x_{k-1})y_k$$

として求められます。どうやら、配置する四角形の数が多ければ多いほど正確に面積を近似できそうですね。いっそのこと、限りなく細かい四角形を無限に配置してしまいましょう。各四角形の横の長さは横軸の位置の変化

$$\Delta x_k = x_k - x_{k-1}$$

であり、縦の長さはx_{k-1}とx_kの間にある点ξ_kを取ってきて$f(\xi_k)$で表せます。各四角形の面積はこれらを掛けた$f(\xi_k)\Delta x_k$ですから、この和の極限

$$\int_a^b f(x)\,dx = \lim_{n\to\infty}\sum_{k=1}^{n} f(\xi_k)\Delta x_k$$

を考えれば求めたかった面積になっていそうです。この値を$f(x)$のaからbまでの**定積分**といいます。微分係数と同様に、定積分もいつでも計算できるとは限らないことには注意が必要です。定積分が定まるとき**積分可能**であるといい、定まらないとき**積分不可能**であるといいます。

導関数を分数とみなすと

先ほど、定積分を表す記号

$$\int_a^b f(x)\,dx$$

を突然導入しましたが、どこか見覚えのある記号が混じっているようです。導関数

$$\frac{df}{dx}$$

に使われていたdxがここでも使われています。しかし、導関数を表す記号は分数ではなくこういうひとかたまりのものです。「分母」のdxを独立に取り出してきてよいのでしょうか？

接線の方程式

$$f(x)-f(x_0)=f'(x_0)(x-x_0)$$

の左辺$f(x)-f(x_0)$は縦軸の値$y=f(x)$の増加分、右辺の$x-x_0$は横軸の値の増加分を表します。これらをそれぞれdy,dxと書くことにすると、接線の方程式は

$$dy=f'(x_0)dx$$

と書けます。この方程式のx_0を変数xとして自由に動かせるようにすると、

$$dy=f'(x)dx$$

が得られます。両辺をdxで割ると

$$\frac{dy}{dx}=\frac{df}{dx}=f'(x)$$

となり、導関数のdxが「分母」として扱えることがわかります。

関数Fを、導関数が$F'(x)=f(x)$となるようなものとします。これをfの**原始関数**といいます。接線の方程式に関する議論をある関数fの原始関数Fについて考えると、

$$\frac{dy}{dx}=\frac{dF}{dx}=f(x)$$

が得られ、両辺にdxを掛けると

$$dy=f(x)dx$$

となり、右辺には定積分を表す記号の一部が出現します。dyは縦軸の値の増加

分 $F(\tilde{x})-F(x)$ (x_0 を x に書き換えてしまったので区別するため元の x を $\tilde{x}$ に変えています) であったため、定積分は「原始関数の差に対して操作をしたもの」であることが記号から想像できますね。この操作 $\int_a^b$ は何かというと、上下に書かれた数の代入です。$F(x)$ の x に a を、$F(\tilde{x})$ の $\tilde{x}$ に b を代入するのが積分 $\int_a^b$ です。

$$\int_a^b f(x)\,dx = F(b) - F(a)$$

が成り立つことは**微分積分学の第二基本定理**と呼ばれます。

例えば、$f(x)=2x$ の原始関数は $F(x)=x^2+C$ (C は定数) であるため、2から3までの定積分は

$$\int_2^3 2x\,dx = (3^2+C)-(2^2+C) = 9-4 = 5$$

と計算できます。原始関数に定数 C が入るのは、定数を微分すると消えてしまうせいで微分する前の関数にどんな定数が入っていても微分した後からわからないことによります。しかし、計算式の中身を見てみると、C は足し引き0となっているため、原始関数の中のひとつ $F(x)=x^2$ さえわかれば定積分を計算する上では十分です。

不定積分

微分係数に対する導関数のように、出力を定積分とする関数を考えることができます。ある数 a を固定し、b をどう取ってきても (もちろん b より a が大きかったり積分可能でなかったりするといけませんが)

$$\int_a^b f(x)\,dx = F(b) - F(a)$$

となるような関数

$$F(x) = \int_a^x f(x)\,dx$$

を**不定積分**といいます。a を固定せず

$$\int f(x)\,dx = F(x) + C$$

を不定積分と呼ぶこともあります。このときaによって変わる定数Cを**積分定数**といいます。

　不定積分について、関数fが連続（「数学3」の「極限」で定義します）な範囲では

$$\left(\int f(x)\,dx\right)' = f(x)$$

が成り立ちます。このことは**微分積分学の第一基本定理**と呼ばれ、微分と積分が逆の操作であることを意味します。

アブダクション

　演繹的推論と帰納的推論の他にも、**アブダクション**（もしくは**リトロダクション**）と呼ばれる推論方法があります。アブダクションでは演繹的推論と反対に、結論から前提を推測します。哲学者のチャールズ・サンダース・パースは、アブダクションの例として以下のようなもの（オリジナルは少し違う表現ですが）を挙げています。

1. 陸地の内側のほうで魚のような化石が見つかった。
2. もしこのあたりがかつて海だったのであれば、この化石の存在が説明できる。
3. 「このあたりはかつて海だった」という仮説が立てられる。

　当然、ここで立てられた仮説以外にも「誰かがここに化石を置いていった」のような別の仮説も立てることができ、そちらのほうが正しい可能性も残されています。アブダクションは確実な推論ではありませんが、世の中で「原因」がはっきりとわかるものなんてそこまで多くはないので、時にはこのような推論形式も必要となります。

第6章

数学C

この章では、「ベクトル」と「複素数平面」について学びます。データは多くの場合、ベクトルで表現されます。複素数は高校数学の範囲であまり深掘りませんが、物理学では欠かせない概念です。

ウィリアム・ローワン・ハミルトン
（1805～1865年）

カール・フリードリヒ・ガウス
（1777～1855年）

76 力と力を合わせると？

ベクトルの概念、空間座標、ベクトルの和と差

平面や空間など、図形や現実世界の物体について考えるために必要となるのがベクトルです。物理、化学、生物、…と数学が応用される分野は様々ありますが、いずれの分野でもベクトルを用いてこの世界にあるものやそこで発生する現象などを表現する場面が出てきます。

スカラーとベクトル

これまでに扱ってきた実数のような四則演算のできるものを**スカラー**といいます。平たくいえば、スカラーとは「ただの数」のことです。対して、「図形」や「関数のグラフ」を考える際には、横（x軸）方向と縦（y軸）方向の位置を並べて(3,4)のように表してきました。1,2,3,... とスカラーは一方向にしか並べられませんが、平面上では無数の方向について考えなければならないため、「ただの数」であるスカラー単体ではなく、(98,3),(−7,0),(2,7)のように軸の数と同じだけの数の組が必要となります。3次元の空間であれば、縦横奥行きの3つの軸から生まれる方向について考えなければならないため、(3,5,2)のように3つの数の組が必要となります。このような数の組を座標といいます。

▼2次元空間（平面）内のベクトル

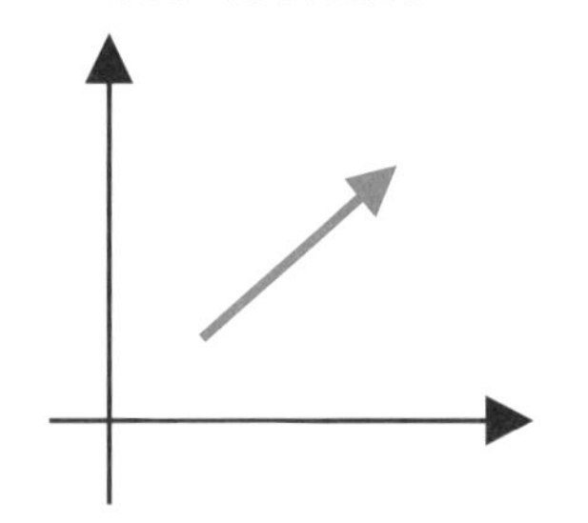

▼3次元空間内のベクトル

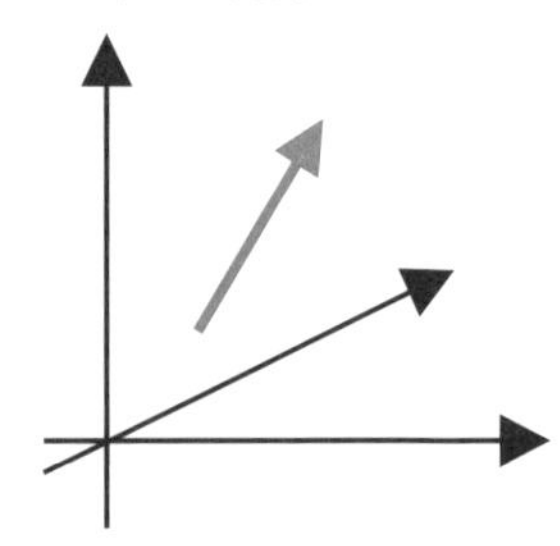

上の図のように、平面や空間上のある点を始点とし、ある点を終点として繋ぐと、長さと方向をもった線分を引くことができます。このように、大きさと向きをもつものを**ベクトル**といいます。始点$\mathrm{A}=(a,b)$と終点$\mathrm{B}=(c,d)$を繋いだベク

トルを $\overrightarrow{AB}$ のように表したり、始点と終点を明示せず $\vec{x}$ のように表したりします。一方の始点ともう一方の終点が一致するベクトルを足した $\vec{a}+\vec{b}$ や定数倍した $k\vec{x}$ もまた、ベクトルとなります。始点と終点がある場合は、$A=(a,b)$, $B=(c,d)$, $C=(e,f)$ なら $\overrightarrow{AB}+\overrightarrow{BC}$ は点Aからスタートして点Bに到着したのちにそこからCへ向かったことになりますから、$\overrightarrow{AB}+\overrightarrow{BC}=\overrightarrow{AC}$ という計算になります。$\overrightarrow{AB}$ の定数倍は、大きさをそのまま定数倍したものとなります。

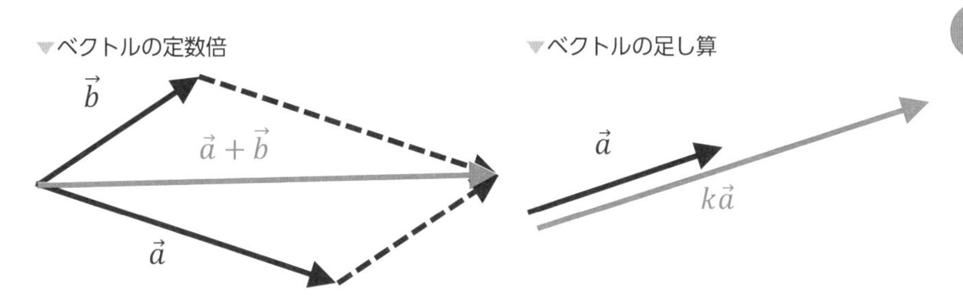

このように、ベクトルは足し算と定数倍ができるのですが、逆に「足し算と定数倍ができるもの」ともっと抽象的にベクトルを定義することもできます。

スタート位置を揃えて扱いやすく

始点と終点が同じでないとベクトルの足し算ができないのでは困る場面が出てきます。図形を一筆書きしていくときのように、始点と終点が合っていないとベクトル同士を足し合わせられない状況だけを考えるのならよいのですが、次に紹介する「同じ物体にかかる複数の力の大きさと向き」を考えるようなときは「始点（物体の位置）が同じもの」を足したいのです。そんなときのために、始点が必ず座標 $(0,0)$ であるようなベクトルたちを考えます。このようなベクトルを**位置ベクトル**と呼びます。大学数学で扱うベクトルはほとんどがこの位置ベクトルです。また、すべての数が0であるような座標を原点といいます。位置ベクトルは $\vec{a}=(a_1,a_2)$ のように終点の座標だけを用いて表されます。位置ベクトルの足し算と定数倍はとてもシンプルです。

位置ベクトル $\vec{a}=(a_1,a_2)$ と $\vec{b}=(b_1,b_2)$ の足し算 $\vec{a}+\vec{b}$ は、座標の各軸について足し合わせた

$$\vec{a}+\vec{b}=(a_1,a_2)+(b_1,b_2)=(a_1+b_1,a_2+b_2)$$

と計算されます。位置ベクトル$\vec{a}=(a_1,a_2)$の定数倍$k\vec{a}$は

$$k\vec{a}=k(a_1,a_2)=(ka_1,ka_2)$$

と計算されます。

力のかかる向き

高校物理ではベクトルがよく活用されています。特に「力」と「速度」は大きさと向きが重要となる概念であるため、このふたつを表すためにベクトルは必須です。例えば、なんらかの物体に、ある方向の力$\vec{v_1}$と、別の方向の力$\vec{v_2}$がかかっているとき、その物体にかかる力の大きさと向きは$\vec{v_1}+\vec{v_2}$であることがわかります。

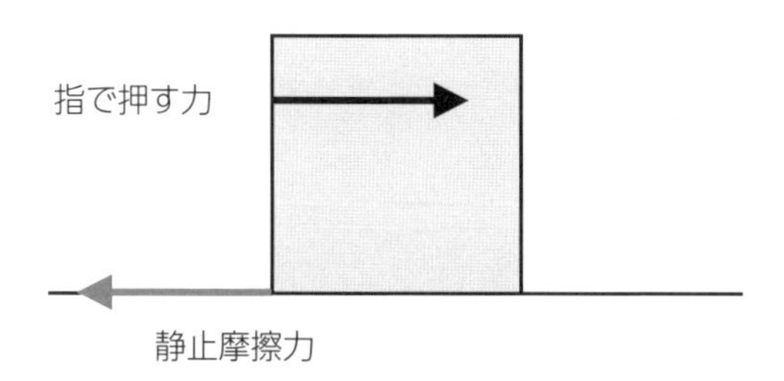

物体を指で押したときの力のつり合い

スカラーもベクトル？

高校数学ではあまり見られませんが、大学数学ではベクトルを$\mathbb{x}$のように太字で表記したり、スカラーと区別せずたんにxなどと書いたりもします。n個のスカラーの組をn次元ベクトルと呼ぶことにすると、スカラーも1次元ベクトル（ひとつのスカラーの組）であるとみなすことができるからです。

用語のおさらい

座標　点の位置を表現するための(1,5,2)のような数の組。

スカラー　四則演算のできるもの。有理数、実数など。

ベクトル　大きさと向きをもつもの。足したり定数倍したりすることのできる量とも考えられる。

位置ベクトル　始点が原点であるようなベクトル。

77 どっちが近道?

三角不等式、距離

ベクトルには大きさがありましたが、具体的にどう測るのでしょうか?　ベクトルの大きさについて、詳しく見ていきましょう。

三角不等式

あなたは子どもの頃、学校からの帰路で「どっちの道を通れば早く家に帰ることができるだろう」と考えたことはありませんか?　もしも曲線的な道がなかった場合、目的地まで曲がらず真っ直ぐ向かえるようなコースが最短ルートであることは、直感的にわかるのではないでしょうか。

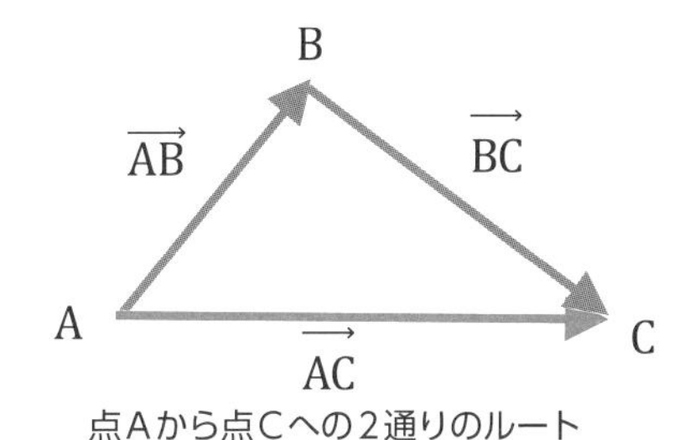

点Aから点Cへの2通りのルート

道を真っ直ぐ進んでいる間の軌跡をベクトルとみなすと、このことは

$$|\overrightarrow{AC}| \leq |\overrightarrow{AB}| + |\overrightarrow{BC}|$$

と書くことができます。ただしここで、$|\overrightarrow{AC}|$ はベクトル $\overrightarrow{AC}$ の大きさを表すとします。この不等式は**三角不等式**と呼ばれます。

距離

ベクトルの大きさ $|\overrightarrow{AB}|$ は距離というものの一種です。**距離**とは、点と点の離れ具合を表すものであり以下の3条件を満たします。

1. 始点と終点が同じベクトルの距離は0となる。
2. 始点と終点を入れ替えても距離は同じ。

3. 三角不等式が成り立つ。

始点と終点をA＝($\boldsymbol{a}_1$,$\boldsymbol{a}_2$),B＝($\boldsymbol{b}_1$,$\boldsymbol{b}_2$)とするベクトル$\overrightarrow{\mathrm{AB}}$の距離$|\overrightarrow{\mathrm{AB}}|$を以下のように定義すると、この3条件を満たします。

$$|\overrightarrow{\mathrm{AB}}| = \sqrt{(b_1 - a_1)^2 + (b_2 - a_2)^2}$$

これは縦軸横軸を直角三角形の２辺としたときの斜辺の長さに相当します。

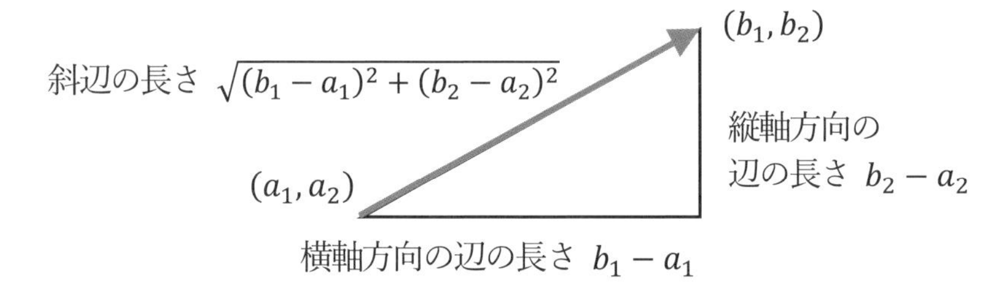

始点と終点をA＝($\boldsymbol{a}_1$,$\boldsymbol{a}_2$,$\boldsymbol{a}_3$),B＝($\boldsymbol{b}_1$,$\boldsymbol{b}_2$,$\boldsymbol{b}_3$)とする3次元ベクトル$\overrightarrow{\mathrm{AB}}$の場合は

$$|\overrightarrow{\mathrm{AB}}| = \sqrt{(b_1 - a_1)^2 + (b_2 - a_2)^2 + (b_3 - a_3)^2}$$

と定義します。勘のいい人はお気づきかもしれませんが、$\boldsymbol{n}$次元ベクトルの大きさは以下で定義されます。

$$|\overrightarrow{\mathrm{AB}}| = \sqrt{(b_1 - a_1)^2 + (b_2 - a_2)^2 + \cdots + (b_n - a_n)^2}$$

用語のおさらい

三角不等式　三角形のふたつの辺の長さの和は残りの辺の長さ以上であることを表す不等式。

距離　点と点の離れ具合。始点と終点が同じとき0となり、始点と終点を入れ替えても値が変わらず、三角不等式が成り立つもの。

いろいろな距離

ここで定義したのは**ユークリッド距離**と呼ばれるものです。距離といえるものは他にもあり、例えば以下の**マンハッタン距離**が有名です。

$$|\overrightarrow{\mathrm{AB}}| = |b_1 - a_1| + |b_2 - a_2|$$

この距離は、以下の図のように軸と並行に進んでいったときの移動距離を意味します。

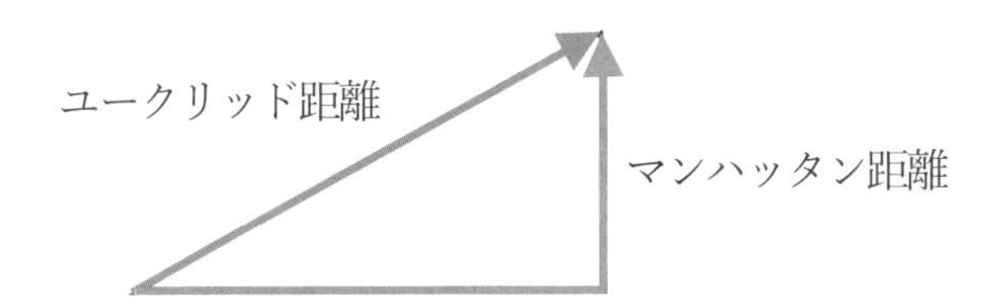

「目的地へまっすぐ進んだほうが早い」ことは当たり前に見えますが、数学ではその当たり前のことを確認するのが大事なのです。

映画「π」

『ブラック・スワン』『レスラー』のダーレン・アロノフスキー初監督作品。無名俳優を集め、低予算で作られましたが、スマッシュヒットを記録しました。数字に取り憑かれた男を、斬新な手法で描き、スマッシュヒットを記録したサスペンス作品。ショーン・ガレット、マーク・マーゴリスなどが出演しています。フィボナッチ数、ヘブライ数字、黄金比、囲碁の盤などなど、世の中の不思議な数字にまつわる話を題材にしたストーリーで、数学好きなら思わず釘付けになってしまいそうです。

撮影手法や、音楽の使い方が斬新で、最後まで観ていて飽きさせません。

内積って何?

内積の定義、成分、内積計算の利点

ベクトルは足し算と定数倍ができるもののことでしたが、掛け算はできるのでしょうか? 数に対して行うような普通の掛け算はできませんが、掛け算のようなものを定義することはできます。

掛け算として考えたいもの

まずは、掛け算とはどういうものであってほしいか、を考えてみます。数学を学んでいくと、xyとyxが同じにならないような「掛け算」を定義することがたまにあります。筆者が高校生の頃には高校数学に「行列」の単元が含まれており、そこで行列A,Bの積ABが逆向きに掛けたBAとは必ずしも一致しないことを学びました。けれども、今回はそういうことを無視します。通常、掛け算とは右から掛けても左から掛けても答えが変わらないものであってほしいわけです。よって、ベクトル$\vec{a},\vec{b}$の掛け算$\vec{a}\cdot\vec{b}$はいつでも

$$\vec{a}\cdot\vec{b} = \vec{b}\cdot\vec{a}$$

を満たしている必要があります。この性質を**対称性**といいます。

ベクトルは足し算と定数倍ができますから、「足し算したものの掛け算」や「定数倍したものの掛け算」をする場面が出てきます。実数の場合は、それぞれ

$$(a+b)c = ac + bc$$

$$(ka)b = k(ab)$$

と計算されます。ベクトルの掛け算もこれと同じように、

$$\left(\vec{a}+\vec{b}\right)\cdot\vec{c} = \vec{a}\cdot\vec{c}+\vec{b}\cdot\vec{c}$$

$$(k\vec{a})\cdot\vec{b} = k\left(\vec{a}\cdot\vec{b}\right)$$

と計算できる必要があります。このふたつの性質をあわせて**線形性**といいます。

同じもの同士を掛けた場合、すなわち$aa=a^2$は必ず0以上の値となります。ベクトルの掛け算にも、$\vec{a}\cdot\vec{a}\geq 0$ が成り立つことが求められます。さらに、$\vec{a}$ が長さ0のベクトルである場合のみ $\vec{a}\cdot\vec{a}=0$ となっているとなお掛け算らしいものになります。この性質を**正定値性**（せいていちせい）といいます。

三角関数による内積の定義

対称性、線形性、正定値性を満たす掛け算$\vec{a}\cdot\vec{b}$ の始点を揃えたときにできる角の角度$0^\circ\leq\theta\leq 180^\circ$を用いて

$$\vec{a}\cdot\vec{b}=|\vec{a}||\vec{b}|\cos\theta$$

で定義することができます。この掛け算を**内積**といいます。

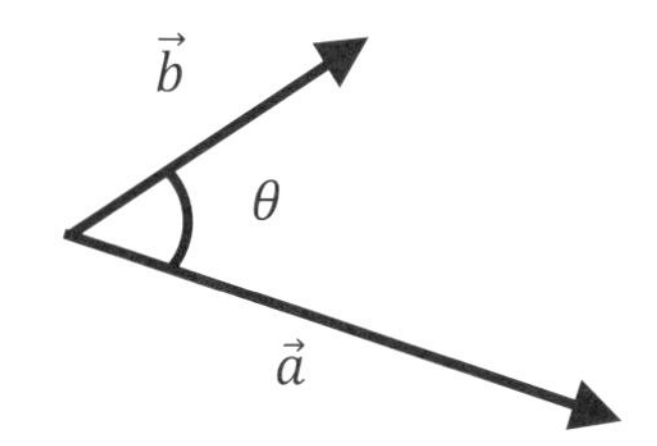

内積を計算する際はまずベクトル $\vec{a},\vec{b}$ の長さ$|\vec{a}|,|\vec{b}|$を掛けます。しかし、ふたつのベクトルが同じ方向を向いているとは限りません。できれば、実数直線上の掛け算と同じように、同じ方向を向いたベクトルを重ね合わせて、その長さを掛けたいのです。

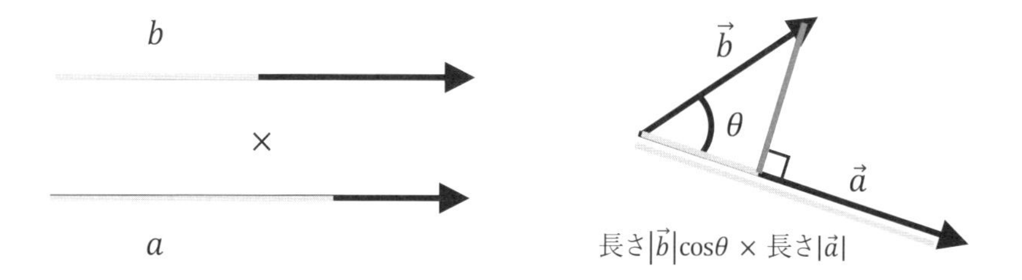

そこで、一方のベクトルをもう一方のベクトルに、垂線を下ろしてぺたっと貼り付けてしまいます。$|\vec{b}|\cos\theta$はベクトル$\vec{b}$を$\vec{a}$に貼り付けたときの長さです。これで、実数直線上での掛け算と同じように、同じ向きのものの長さと長さを掛けあわせることができます。

いろいろな曲線

放物線、楕円、双曲線

「数学1」で扱った2次関数$f(x) = ax^2 + bx + c$の描くグラフは、2次曲線と呼ばれるもののひとつです。このグラフは横軸の値xに対し縦軸の値yが$y=f(x)$で決まりますが、必ずしもxに対してyの値が$y=f(x)$のように一通りには定まらない曲線もあります。

放物線

横軸の値xと縦軸の値yが方程式

$$a_1x^2 + a_2xy + a_3y^2 + a_4x + a_5y + a_6 = 0$$

を満たすように描いたグラフを**2次曲線**といいます。2次関数の描くグラフは方程式

$$ax^2 + bx - y + c = 0$$

を満たすので、2次曲線のうち$a_2 = a_3 = 0, a_5 = 1$であるようなものであるといえます。特にその中でも$a_4 = a_6 = 0$であるようなもの、すなわち方程式

$$ax^2 - y = 0$$

で表される曲線を**放物線**といいます。物体を斜めに放り投げたときに描く軌跡が2次関数のグラフを描くことからこう呼ばれています。$ax^2 + bx - y + c = 0$で表される曲線は放物線を平行移動したものなので、これらすべてを放物線と呼ぶ場合もあります。

楕円

円は方程式

$$x^2 + y^2 = r^2$$

で表される2次曲線です。「数学2」の「図形と方程式」では平行移動も含めた

$$(x - a)^2 + (y - b)^2 = r^2$$

を円の方程式として紹介しましたね。円はx^2とy^2の係数が同じで、グラフも対称性を持った形をしていますが、これを歪ませた**楕円**も考えられます。楕円は方程式

$$\frac{x^2}{a^2} + \frac{y^2}{b^2} = 1$$

で表されます。円の方程式は楕円の方程式で$a=b$となるような特別なケースです。

双曲線

双曲線は方程式

$$\frac{x^2}{a^2} - \frac{y^2}{b^2} = 1$$

で表される2次曲線です。楕円の方程式と似ていますが、x^2とy^2の係数の符号が異なります。

ここまでに紹介した各曲線を見てみると、放物線以外は横軸の値と縦軸の値が一対一で対応していません。こういった曲線は関数のグラフのように$y=f(x)$で定めることはできないことに注意しましょう。

これらの2次曲線は、天体力学で物体の軌道を分類する際にも現れます。

▼円

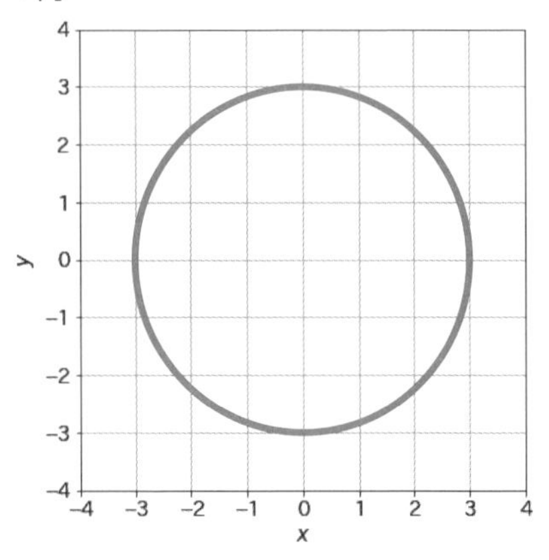

▼楕円

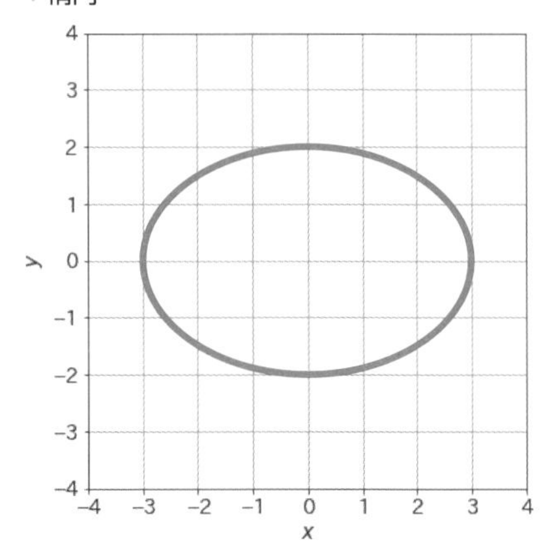

▼放物線

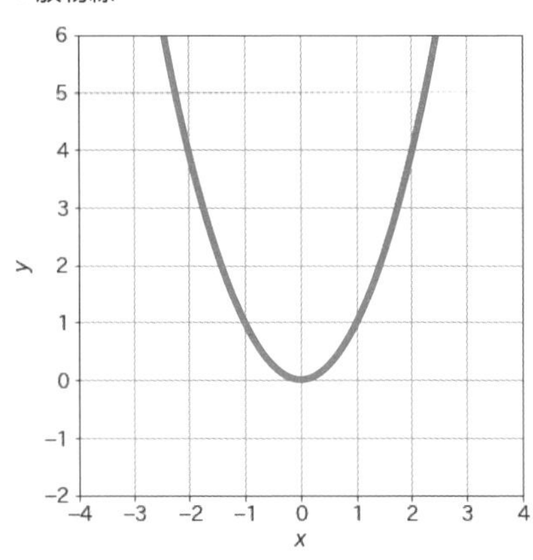

▼双曲線

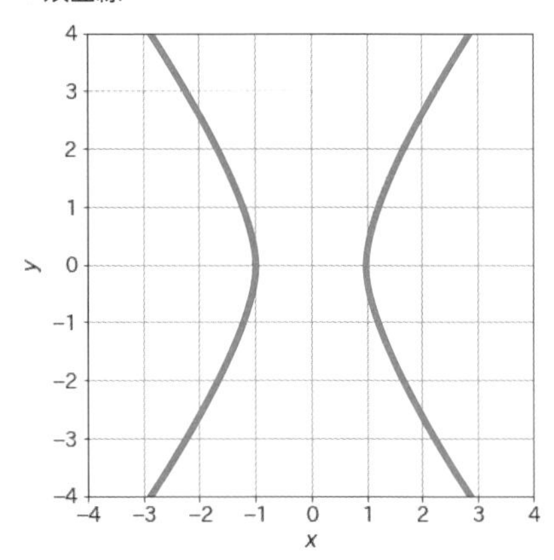

ちょっとウンチク

数学的帰納法は帰納的ではない？

4節で演繹的推論（普遍的な前提から論理により結論を導く）と帰納的推論（個別事例を普遍化する）の違いを紹介しました。「数学的帰納法」という名前から帰納的推論であると思ってしまいそうですが、そうではありません。「数学的」という名の通り、あくまでも論理の範囲内での推論であるため、演繹的推論に分類されます。

曲線を関数で表すには

媒介変数、座標

楕円や双曲線は素直にy=f(x)の形で表せませんでした。これらは曲線と呼んでよいのでしょうか？　実は、媒介変数を用いれば「横軸の値と縦軸の値が一対一で対応していない」ような曲線も関数で表すことができます。

曲線と媒介変数

前節では**曲線**という言葉を定義せずに用いていましたが、曲線とは何かをきちんと定義してみましょう。平面上の点の集合Cが連続関数fの値域となっているとき、曲線といいます。つまり、連続関数で表せるものが曲線です。**媒介変数**を用いて、楕円を関数で表してみましょう。xとyが媒介変数θを通して

$$x(\theta) = a\cos\theta$$

$$y(\theta) = b\sin\theta$$

に従って動くとします。ただしθの動く範囲は$0 \leq \theta < 2\pi$です。三角関数の公式

$$\cos^2\theta + \sin^2\theta = 1$$

を用いると、方程式

$$\frac{x(\theta)^2}{a^2} + \frac{y(\theta)^2}{b^2} = \cos^2\theta + \sin^2\theta = 1$$

が得られます。これは楕円を表す方程式です。

双曲線は以下の双曲線関数を用いて表せます。

$$\sinh x = \frac{e^x - e^{-x}}{2}$$

$$\cosh x = \frac{e^x + e^{-x}}{2}$$

それぞれ**ハイパボリックサイン**と**ハイパボリックコサイン**と呼ばれます。xとyが媒介変数tを通して

$$x(t) = a\cosh t$$
$$y(t) = b\sinh t$$

に従って動くとします。ハイパボリックサインとハイパボリックコサインについて、三角関数と似た関係

$$\left(\cosh t\right)^2 - \left(\sinh t\right)^2 = 1$$

が成り立つため、方程式

$$\frac{x(t)^2}{a^2} - \frac{y(t)^2}{b^2} = \left(\cosh t\right)^2 - \left(\sinh t\right)^2 = 1$$

が得られます。これは双曲線を表す方程式です。

サイクロイド

円を転がしたとき、円上の一点が描く軌跡を表す曲線を**サイクロイド**といいます。サイクロイドの媒介変数表示は、円の半径をrとして

$$x(\theta) = r(\theta - \sin\theta)$$
$$y(\theta) = r(1 - \cos\theta)$$

です。このときのxとyの値は円をθだけ転がしたときの点の位置を表しています。(図1)

▼図1

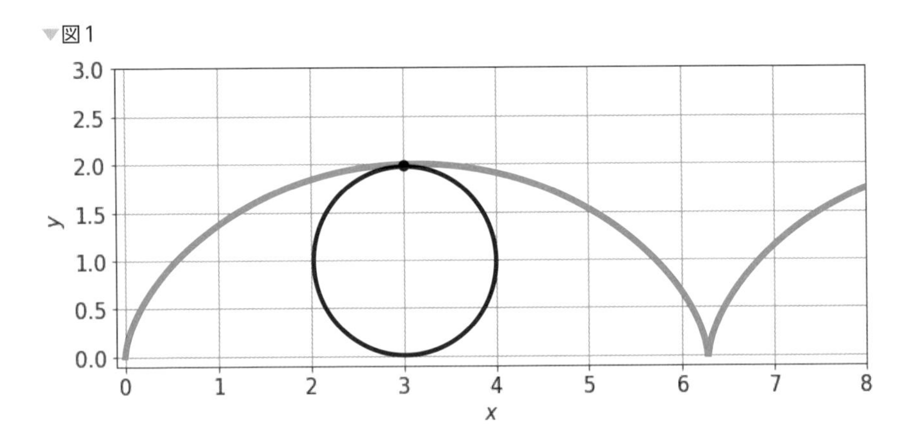

極座標

横軸の値xと縦軸の値yで指定された平面上の位置(x,y)を**直交座標**または**デカルト座標**といいます。しかし、平面上の位置を指定する方法は「それぞれの軸の値」を並べるだけではありません。楕円の媒介変数表示では、角度θを用いて平面上の位置を指定していました。(図2)

▼図2

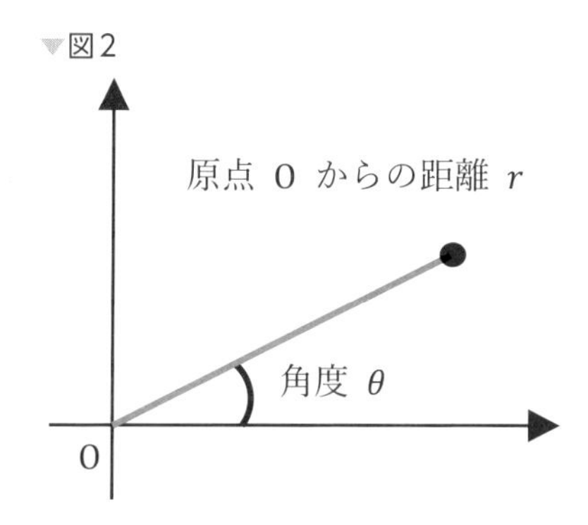

平面上の点の原点からの距離rと、「その点と原点を繋いだ線分」と横軸のなす角θさえわかれば、点の位置は指定できます。このことを利用して点の位置をただひとつに定める組(r,θ)を**極座標**といいます。極座標表示は本節で紹介した曲線の媒介変数表示に用いられるほか、この後の「複素数平面」で複素数を表現するのにも便利です。

行列

かつて「数学C」には「行列」という単元がありました。**行列**はベクトルの拡張のようなもので、縦横に数を並べて

$$A = \begin{pmatrix} 1 & 2 \\ 15 & -9 \\ 3 & 0 \end{pmatrix}$$

のように表されます。横の数の並びを**行**、縦の数の並びを**列**といいます。上の例は「3行2列の行列」です。統計分析はもちろん、数学を応用するほとんどの分野で行列は必須となる概念ですが、残念ながら高校数学からは姿を消しました。

81 複素数を座標平面へ

複素数平面、極形式

「数学2」では複素数を定義しました。実数と違い、複素数は数直線上に表すことができません。複素数を視覚的に表すにはどうすればよいのでしょうか。

複素数平面

複素数とは、実数xと虚数yiを足し合わせた数$x+yi$のことでした。複素数同士を足すと、

$$(x_1 + y_1 i) + (x_2 + y_2 i) = (x_1 + x_2) + (y_1 + y_2)i$$

と「実部と虚部の数がそれぞれ別々に足し合わせられたもの」が得られます。このことから、「複素数はそれぞれ独立な2つのパートを持つ」と考えることができます。実部を横軸、虚部を縦軸として平面上に点を打つと、複素数と平面上の点が一対一に対応します。(図1)

▼図1

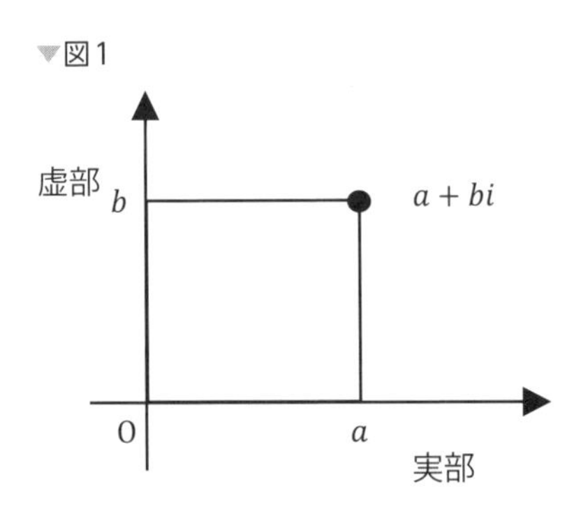

このことを利用して平面上の点に複素数を対応させたものが**複素数平面**です。複素数平面上で複素数を実数の組(x,y)として扱えます。そのうえ、複素数の足し算と実数倍は位置ベクトルの足し算とスカラー倍

$$(x_1, y_1) + (x_2, y_2) = (x_1 + x_2, y_1 + y_2)$$
$$k(x_1, x_2) = (kx_1, kx_2)$$

として扱えます。

極形式

平面上の点として表せるということは、極座標(r, θ)でも表せるということです。複素数平面で極座標を直交座標に戻すと、複素数は$(r\cos\theta, r\sin\theta)$で表せます。さらにこの座標を元の複素数の形に戻すと、複素数$z=x+yi$は

$$z = r\cos\theta + ri\sin\theta$$

と書けます。この形はzの**極形式**と呼ばれ、このときのθを**偏角**といいます。

複素数を極形式で表すメリットは、複素数同士の積を考えるときに生じます。複素数の積は

$$(x_1+y_1i)(x_2+y_2i) = x_1x_2+x_1y_2i+x_2y_1i+y_1y_2i^2 = (x_1x_2-y_1y_2)+(x_1y_2+x_2y_1)i$$

となりますが、これを極形式で計算すると

$$\begin{aligned}
&(r_1\cos\theta_1 + r_1 i\sin\theta_1)(r_2\cos\theta_2 + r_2 i\sin\theta_2)\\
&= r_1r_2\big((\cos\theta_1\cos\theta_2 - \sin\theta_1\sin\theta_2) + i(\cos\theta_1\sin\theta_2 + \sin\theta_1\cos\theta_2)\big)\\
&= r_1r_2(\cos(\theta_1+\theta_2) + i\sin(\theta_1+\theta_2))
\end{aligned}$$

と変形でき、位置ベクトルとしての複素数の長さ（複素数の絶対値）

$$|z| = r = \sqrt{x^2+y^2}$$

を掛け合わせて偏角を足し合わせる操作が複素数同士の掛け算であると考えることができます。割り算についても同様に

$$\frac{z_1}{z_2} = \frac{r_1}{r_2}\big(\cos(\theta_1-\theta_2) + i\sin(\theta_1-\theta_2)\big)$$

と変形でき、複素数の絶対値で割って偏角を引く操作が複素数同士の割り算であると考えることができます。

82 最も美しい等式

ド・モアブルの定理、オイラーの公式

最後の節では、複素数についての有名なド・モアブルの定理を紹介します。この定理から、「最も美しい等式」として名高いオイラーの等式が証明されます。

ド・モアブルの定理

複素数同士の掛け算は「絶対値を掛け合わせて偏角を足し合わせる操作」でした。よって、絶対値が1の複素数$z = \cos\theta + i\sin\theta$を何度も掛け合わせると

$$z^n = (\cos\theta + i\sin\theta)^n = \cos n\theta + i\sin n\theta$$

が成り立ちます。これが**ド・モアブルの定理**です。

ネイピア数

「指数関数と対数関数」で触れたネイピア数eは、極限を用いて

$$e = \lim_{n\to\infty}\left(1 + \frac{1}{n}\right)^n$$

で定義されます。「数列」で考えた複利法では、元金a_1を年利rで運用したn期目の運用額はa_1に$(1+r)^n$を掛けて算出できました。利息が年にk回発生する場合は、

$$a_n = a_1\left(1 + \frac{r}{k}\right)^n$$

となります。なぜ年に複数回の利払いを考えたいかというと、例えば元金100万、年利10%で年1回利払いの場合の1年後の運用額は

$$100 \times (1+0.1) = 110\text{万円}$$

ですが、年2回利払いの場合の1年後の運用額は

$$100 \times \left(1 + \frac{0.1}{2}\right)^2 = 110.25\text{万円}$$

と若干高くなるのです。これなら利払い回数を多くすればいくらでも運用額を増やせそうですね。しかし、現実はそう甘くはありません。ネイピア数の定義式の右辺は「年利100%で無限回利払いの場合の1年後の運用額を算出するための係数」になっています。つまり、利払い回数をいくら多くしても運用額は高々ネイピア数を元金に掛けたくらいにしかならないのです。

オイラーの公式

ネイピア数には

$$e^x = \lim_{n\to\infty}\left(1 + \frac{x}{n}\right)^n$$

という性質があります。このxに$i\theta$を入れると

$$e^{i\theta} = \lim_{n\to\infty}\left(1 + \frac{i\theta}{n}\right)^n$$

となります。

$$\lim_{n\to\infty}\sin\frac{\theta}{n} = \lim_{n\to\infty}\frac{\theta}{n}, \qquad \lim_{n\to\infty}\cos\frac{\theta}{n} = 1$$

が成り立つため、これらを代入して

$$e^{i\theta} = \lim_{n\to\infty}\left(1 + \frac{i\theta}{n}\right)^n = \lim_{n\to\infty}\left(\cos\frac{\theta}{n} + i\sin\frac{\theta}{n}\right)^n$$

を得ます。ド・モアブルの定理より

$$\left(\cos\frac{\theta}{n} + i\sin\frac{\theta}{n}\right)^n = \cos\theta + i\sin\theta$$

ですから、nが消えて極限を取る必要がなくなり、オイラーの公式

$$e^{i\theta} = \cos\theta + i\sin\theta$$

が導かれました。逆にこれをド・モアブルの定理に代入してみると

$$\left(e^{i\theta}\right)^n = e^{in\theta}$$

という指数関数についての性質を表す定理だったことがわかります。

オイラーの公式に$\theta = \pi$を代入するとオイラーの等式

$$e^{i\pi} + 1 = 0$$

が得られます。この等式は「ネイピア数」「虚数」「円周率」「掛けても変わらない数」「足しても変わらない数」という数学において重要だが一見互いに関係のなさそうな数たちを綺麗に繋いでいるため、「最も美しい等式」として有名です。

微分と差分

微分は連続関数に対してしかできません(逆に、連続関数だからといって微分可能とは限りません)。離散的なものに対して「微分」に相当するものはないのでしょうか。じつは、「数学B」で学んだ漸化式から微分のようなものを考えることができます。導関数

$$f'(x) = \lim_{h\to 0}\frac{f(x+h) - f(x)}{h}$$

の極限を取らず、横軸方向の移動幅を$h=1$としてみましょう。すると、**差分**

$$\Delta f(x) = f(x+1) - f(x)$$

を考えることになります。この右辺はまさに漸化式

$a_{n+1} - a_n = n$ についての式

です。コンピュータは連続量を扱えないため、「変化」を知りたい場合は実際には小さいhについての差分を計算することになります。

索引

あ行

か行

さ行

た行

な行

は行

●著者紹介

石田浩一（いしだ·こういち）

元私立中学・高等学校数学科教諭。現在，中高一貫校生対象の塾，予備校等において，難関大志望者向けの指導・教材作成・映像授業などを担当。東京大学工学部卒・同大学院工学系研究科修了。

上田恭平（うえだ·きょうへい）

1995年大阪生まれ。京都大学大学院理学研究科数学・数理解析専攻修士課程修了後、ITベンチャーで受託データ分析に携わる。他社へ提供する機械学習研修の講師や工場の生産最適化、広告の効果検証などを手掛けた。現在はIT大手にて自社プロダクトのデータ分析業務に従事。修士（理学）、修士（学術）のダブルマスター。共著者の新井氏とは学生時代からの友人。X:@k_ueda_cs

新井崇夫（あらい·たかお）

AIモデルベンダー、大手自動車部品メーカーを経て、現在はコンサルティング会社にてITコンサルティング業務に従事。これまでデータサイエンティストとして多くの統計分析や機械学習モデルの構築を手掛ける。学術・ビジネス両軸の幅広い知見に基づく地に足の付いた課題解決に強みを持つ。京都大学経済学部卒業。筑波大学大学院ビジネス科学研究群博士前期課程修了。修士（経営学）X:@ArrayLike

新しい高校教科書に学ぶ大人の教養
高校数学

発行日　2023年12月28日　第1版第1刷

著　者　石田　浩一／上田　恭平／新井　崇夫

発行者　斉藤　和邦
発行所　株式会社　秀和システム
〒135-0016
東京都江東区東陽2-4-2　新宮ビル2F
Tel 03-6264-3105（販売）Fax 03-6264-3094
印刷所　三松堂印刷株式会社　Printed in Japan

ISBN978-4-7980-6705-6 C0041

定価はカバーに表示してあります。
乱丁本・落丁本はお取りかえいたします。
本書に関するご質問については、ご質問の内容と住所、氏名、電話番号を明記のうえ、当社編集部宛FAXまたは書面にてお送りください。お電話によるご質問は受け付けておりませんのであらかじめご了承ください。